● 河海大学中央高校基本科研业务费专项资金资助（B210202020）

风暴期间波、流和泥沙输运模拟研究

谢冬梅　陈永平 ◎ 著

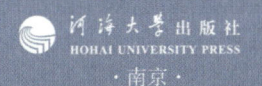

河海大学出版社
HOHAI UNIVERSITY PRESS
·南京·

图书在版编目(CIP)数据

风暴期间波、流和泥沙输运模拟研究 / 谢冬梅,陈永平著. -- 南京:河海大学出版社,2021.7
 ISBN 978-7-5630-7074-9

Ⅰ. ①风… Ⅱ. ①谢… ②陈… Ⅲ. ①波流—耦合—作用—泥沙输移—海浪模拟—研究 Ⅳ. ①TV142

中国版本图书馆 CIP 数据核字(2021)第 132921 号

书　　名	风暴期间波、流和泥沙输运模拟研究 FENGBAO QIJIAN BO,LIU HE NISHA SHUYUN MONI YANJIU
书　　号	ISBN 978-7-5630-7074-9
责任编辑	张心怡
责任校对	卢蓓蓓
封面设计	张世立
出版发行	河海大学出版社
地　　址	南京市西康路 1 号(邮编:210098)
电　　话	(025)83737852(总编室)　　(025)83786934(编辑室) (025)83722833(营销部)
经　　销	江苏省新华发行集团有限公司
排　　版	南京布克文化发展有限公司
印　　刷	苏州市古得堡数码印刷有限公司
开　　本	718 毫米×1000 毫米　1/16
印　　张	9.125
字　　数	196 千字
版　　次	2021 年 7 月第 1 版
印　　次	2021 年 7 月第 1 次印刷
定　　价	68.00 元

前言

　　风暴期间水位抬升和大浪会给沿海地区造成巨大的经济损失。本研究在美国缅因湾构建"大气-海洋-海岸"一体化模拟系统,解析海洋至破波带多尺度水动力过程。该模拟系统由水动力模块、越浪模块和泥沙输运模块三部分组成,并应用于探讨海岸过程及机制:(1)浪-潮-流耦合作用机制;(2)越浪导致的海岸淹没;(3)泥沙输运。

　　海岸区域水位、波浪和水流的准确模拟是海岸淹没和泥沙输运研究的基础。本研究表明,浪-潮-流的相互作用对波浪、水位以及近岸流场影响显著;浪-潮-流的相互作用存在较强的时空变异。在岸线复杂的区域,模拟研究需要合理考虑浪-潮-流的相互作用过程。

　　应用该一体化模拟系统,本研究开展了美国东北沿海越浪导致的海岸淹没研究,评估了海堤应对海平面上升的防护能力。结果表明,海平面上升导致近岸水深增加、波高变大。为了应对海平面上升造成的越浪风险,海堤堤顶高程抬升幅值需要远大于海平面上升幅值。

　　在风暴过程中,海岸泥沙输运与波浪和水流时空分布密切相关。局部地形和风对波浪、水流和泥沙输运起决定性作用。风生流和波生流对泥沙输运的作用取决于水深和岸线形态。在浅水区域,风生流起主导作用;在岬角、海岸结构和岛屿周围,波生流作用更显著。泥沙净输运的差异主要来源于风生流和波生流动平衡作用下的流场差异。

目录 contents

第1章 绪论 ··· 001

第2章 缅因湾内波流耦合模型构建 ·· 004

  2.1 背景介绍 ·· 004
  2.2 缅因湾 ·· 005
  2.3 2007年4月"东北风暴" ·· 006
  2.4 研究方法 ·· 006
      2.4.1 水动力模型 ·· 006
      2.4.2 谱波浪模型 ·· 007
      2.4.3 波流耦合模型 ·· 007
  2.5 模型构建 ·· 008
      2.5.1 模型范围 ··· 008
      2.5.2 海表面风场和气压场 ·· 009
      2.5.3 模型参数 ··· 010
  2.6 结果与讨论 ··· 011
      2.6.1 天文潮和增水验证 ·· 011
      2.6.2 波浪验证 ··· 013
      2.6.3 波浪传播 ··· 014
      2.6.4 水深平均流场 ·· 015

2.6.5　余流场 ………………………………………………………… 017
　2.7　本章小结 ………………………………………………………………… 018

第 3 章　缅因湾内波流相互作用过程 …………………………………………… 020

　3.1　背景介绍 ………………………………………………………………… 020
　3.2　波流耦合模型 …………………………………………………………… 024
　　3.2.1　模型描述 ……………………………………………………… 024
　　3.2.2　模型范围 ……………………………………………………… 025
　　3.2.3　海表面风场和气压场 ………………………………………… 026
　　3.2.4　模型构建 ……………………………………………………… 027
　3.3　模型验证 ………………………………………………………………… 029
　　3.3.1　水位 …………………………………………………………… 029
　　3.3.2　流速 …………………………………………………………… 031
　　3.3.3　波浪 …………………………………………………………… 033
　3.4　模拟结果 ………………………………………………………………… 035
　　3.4.1　波浪对水流的影响 …………………………………………… 035
　　3.4.2　水流对波浪的影响 …………………………………………… 040
　3.5　本章小结 ………………………………………………………………… 043

第 4 章　海岸淹没一体化模型 …………………………………………………… 045

　4.1　背景介绍 ………………………………………………………………… 045
　4.2　研究区域与现场观测 …………………………………………………… 048
　　4.2.1　研究区域 ……………………………………………………… 048
　　4.2.2　风暴介绍 ……………………………………………………… 049
　　4.2.3　现场观测 ……………………………………………………… 049
　4.3　研究方法 ………………………………………………………………… 051
　　4.3.1　波流耦合模型 ………………………………………………… 052
　　4.3.2　破波带波浪模型 ……………………………………………… 053
　　4.3.3　波浪越浪模型 ………………………………………………… 054
　　4.3.4　排水模型 ……………………………………………………… 055

4.4 模型构建 ··· 055
　　4.4.1 模型范围与地形 ··· 055
　　4.4.2 海表面风场与气压场 ·· 058
　　4.4.3 边界条件 ·· 059
　　4.4.4 模型参数 ·· 059
4.5 波流相互作用 ·· 060
　　4.5.1 模型验证 ·· 060
　　4.5.2 波浪对水流的影响 ·· 063
　　4.5.3 水流对波浪的影响 ·· 065
4.6 波浪越浪 ··· 065
　　4.6.1 排水参数化 ·· 065
　　4.6.2 越浪验证 ·· 067
　　4.6.3 波流相互作用对越浪的影响 ··································· 069
　　4.6.4 海平面上升和海堤堤顶高程对越浪的影响 ··················· 070
4.7 本章小结 ··· 072

第5章　水动力与泥沙输运模拟　074

5.1 背景介绍 ··· 074
5.2 研究区域 ··· 076
5.3 风暴简介 ··· 078
5.4 研究方法 ··· 079
　　5.4.1 波流耦合模型 ·· 080
　　5.4.2 波流环境下底床应力与泥沙输运模型 ·························· 081
　　5.4.3 模型构建 ·· 083
5.5 水动力模拟结果与讨论 ··· 085
　　5.5.1 2007年4月"东北风暴" ··· 085
　　5.5.2 1991年10月"完美风暴" ······································· 088
　　5.5.3 2015年1月"北美风暴" ··· 092
5.6 泥沙输运模拟结果 ·· 095
　　5.6.1 输沙峰值 ·· 095

  5.6.2　平均流场与输沙通量 …………………………………… 105
 5.7　不同风暴过程水动力与泥沙输运对比 ………………………… 114
  5.7.1　水动力特征 …………………………………………… 114
  5.7.2　泥沙输运特征 ………………………………………… 116
 5.8　本章小结 ………………………………………………………… 117

第6章　结论与展望 …………………………………………………… 119
 6.1　主要工作 ………………………………………………………… 119
 6.2　结论 ……………………………………………………………… 120
 6.3　展望 ……………………………………………………………… 120

附录　波浪越浪模拟流程图 …………………………………………… 122

参考文献 ………………………………………………………………… 123

第 1 章

绪论

根据美国国家海洋和大气管理局发布的美国十亿美元级天气和气候灾害报告,1980至2017年间,美国海岸区域显著风暴过程中的风暴潮(含近岸浪)累积造成经济损失超过7 000亿美元(https://www.ncdc.noaa.gov/billions/)。在海平面上升和风暴强度增加的作用下,海岸淹没风险将进一步增大(Nicholls, 2002;Kirshen et al.,2008;Emanuel,2013;Roberts et al.,2017)。风暴过程中海岸侵蚀和岸线后退也会给沿海地区带来巨大威胁。

缅因湾位于大西洋西北部,是美国和加拿大之间的一个半闭海湾,东北通芬迪湾,南部连接大西洋。缅因湾沿岸区域受"东北风暴(Nor'easter)"袭击频繁(Davis et al.,1993)。"东北风暴"期间,东北向风持续作用于湾内水体,在沿岸形成巨大的水位抬升和巨浪,造成严重的海岸淹没。过去30年间,超过20个显著的东北风暴袭击了缅因湾沿岸,造成大规模的沿岸基础设施破坏、海岸侵蚀和人员伤亡(Chen et al.,2013)。例如,2007年4月的"东北风暴"在缅因湾西岸生成巨浪和风暴增水。天文大潮、风暴增水和巨浪重合,导致北至缅因南部、南至麻塞诸塞州科德角发生严重的海岸淹没和砂质海岸侵蚀。由此可见,在气候变化的背景下,海岸规划和风险管理需要合理考虑海平面的持续升高和风暴频率及强度的上升(Kirshen et al.,2008;National Research Council,2009)。

海岸淹没在以下三种情境下有可能发生:(1) 水位超过天然屏障或者海岸防护的顶部高程;(2) 波浪越过天然屏障或者海岸防护的顶部;(3) 水流通过天然屏障或者海岸防护缺口进入后方区域。在缅因湾沿海区域,多种海岸防护措施并存,如海堤、护岸、丁坝和防波堤等。风暴过程中,时有越浪导致的海岸淹没事件见诸报道(MADCR,2009;MACZM,2013a)。目前,缅因湾内关于越浪导致的海岸淹没研究较少（Zou et al.，2013）。构建风暴过程中水位和波浪的预测方法，可以为评估海岸防护应对未来风暴的功能提供依据，为海岸防护的适应性调整提供指导。

风暴过程中缅因湾内北至缅因州南部、南至马萨诸塞州沿海砂质海岸侵蚀问题同样突出。在风暴驱动作用下，沿海大浪和强流生成，改变了沿岸乃至陆架区域内水动力和泥沙输运格局（Warner et al.，2008a；Warner et al.，2010；Mulligan et al.，2008，2010；Orescanin et al.，2014；Wargula et al.，2014；Chen et al.，2015；Li et al.，2015；Li et al.，2017）。掌握风暴期间海岸侵蚀和淤积的规律对海岸资源规划管理至关重要。由于近岸区域浪、流和地形相互作用过程复杂，海岸动力和泥沙输运呈现显著的时空变化特征。不同风暴条件（路径、强度、持续时间等）可能增加波浪和水流相互作用的复杂性（Young，1988，2006；Rego et al.，2009，2010；Holthuijsen，2010；Li et al.，2017）。因此，明晰不同风暴条件下近岸水动力和泥沙输运的主控过程至关重要。

探究风暴作用下缅因湾内海岸动力过程，可以为解决海岸淹没、泥沙输运和岸滩侵蚀问题提供理论支撑。近岸动力过程在不同时空尺度的相互作用会对以下过程产生重要影响：（1）准确预测局部水位抬升和波浪；（2）海岸带泥沙输运；（3）水产养殖的营养物质输送和排污；（4）海岸建筑物的设计。但是，缅因湾内地形和岸线条件复杂、潮差大，制约了湾内风暴增水、波浪及其相互作用的过程的数值模拟精度，此前也缺乏对湾内波流相互作用的研究。

本研究的主要目标是构建大气-海洋-海岸一体化模型，连接缅因湾内开敞海域至破波带内不同时空尺度的物理过程。基于该模型，实现以下三个目标：（1）通过对波流相互作用的合理模拟，提高对水位和波浪的模拟精度；（2）探讨海平面上升情境下海堤的防护能力；（3）不同风暴条件下泥沙输运对海岸动力的响应。具体实现以下七个目标：

（1）构建一体化大气-海洋-海岸模型，准确反演海岸水动力、淹没和泥沙输运，为海岸规划和风险管理提供参考；

（2）在缅因湾内浅水区水动力模拟中合理概化波流相互作用过程；

（3）提升对缅因湾内"东北风暴"过程中波流耦合作用的认识；

（4）提高对越浪导致的海岸淹没过程的模拟精度；

（5）探讨海平面上升对越浪作用下海岸淹没过程的影响；

（6）对比研究缅因湾内水动力过程对不同风暴条件的响应；

（7）甄别波浪、波生流和风生流对泥沙输运的作用；

（8）掌握风暴作用下缅因湾内泥沙净输运的时空分布特征。

本书分 5 个章节对上述问题进行具体论述。第 2 章聚焦缅因湾内波流耦合模型构建;第 3 章探讨缅因湾内浅水区域波流相互作用过程;第 4 章阐述近岸水动力模型、破波带波浪模型和越浪模型的构建与运用;第 5 章探讨近岸水动力和泥沙输运过程对不同风暴条件的响应;第 6 章总结主要结论和未来可能的方向。

第 2 章
缅因湾内波流耦合模型构建

2.1 背景介绍

在缅因湾南部沿海,"东北风暴"期间的海岸淹没是水位抬升和大浪综合作用的结果。"东北风暴"是常发于每年 10 月至次年 4 月的温带气旋,因其陆上风一般为东北向而得名,对美国大西洋北部沿海影响显著(Davis et al.,1993)。过去 30 年间,超过 20 个显著"东北风暴"袭击了缅因湾沿岸,造成大规模的沿岸基础设施破坏、海岸侵蚀和人员伤亡(Chen et al.,2013)。

在沿海区域,风暴增水、波浪和海岸淹没的模拟仍面临挑战,具体表现在两个方面。一方面,复杂地形和岸线条件下的天文潮、风暴增水和波浪非线性作用显著,增加了模型预测的难度和不确定性。波流相互作用主要通过以下三个物理机制展开:(1) 海表面应力。表面波的存在对海表面拖曳力系数有修正作用(Warner et al.,2008)。(2) 底部应力。波浪通过增强紊动掺混,对底部应力进行修正(Grant et al.,1979;Zou,2004)。(3) 辐射应力。波浪通过剩余动量流作用于水体,生成波生流,改变近岸水流流场(Longuet-Higgins et al.,1964;Zou et al.,2006)。目前的研究对波浪传播变形以及辐射应力导致的波浪增水认识深入(Longuet-Higgins et al.,1962),但是对波流相互作用的其他过程,如海表面风应力和底部摩阻,需要进一步开展研究。另一方面,波浪作用对海岸建筑物破坏机制尚不明确。巨浪通过波浪爬高和越浪,可以导致严重的海岸淹没。

目前,对温带气旋期间缅因湾内水动力过程的模拟研究主要由以下三类组成:(1) 波浪模拟(Sucsy et al.,1993;Panchang et al.,2008);(2) 天文潮和风暴增水模拟(Bernier et al.,2007);(3) 波流耦合模型(Beardsley et al.,2013;Chen et al.,2013)。最近,已有学者采用波流耦合模型来评估波流相互作用对海岸淹没的影响(Beardsley et al.,2013;Chen et al.,2013)。Beardsley 等(2013)和 Chen 等(2013)主要聚焦模型评估,未对波浪对流场和水位的影响做详细检视。

在本章节中,采用 SWAN+ADCIRC 耦合模型在缅因湾内构建基于非结构网格的波流耦合模型,探讨温带气旋期间波流相互作用过程。2.2 节对缅因湾进行简单介绍;2.3 节介绍具体研究的温带气旋;2.4 节介绍谱波浪模型 SWAN 和水动力模型 ADCIRC;2.5 节和 2.6 节分别介绍波流耦合模型构建、结果分析与讨论。

2.2 缅因湾

缅因湾位于大西洋西北部,是美国和加拿大之间的一个半闭海,东北通芬迪湾,南部连接大西洋(如图 2.1)。向海侧通过乔治浅滩与西北大西洋连接,该浅滩的最小水深不足 20 m。缅因湾内深盆和浅滩交错排布,湾内最大水深约 200 m。在缅因湾北部的芬迪湾内,最大潮差可达 12.0 m,是全球最大潮差。

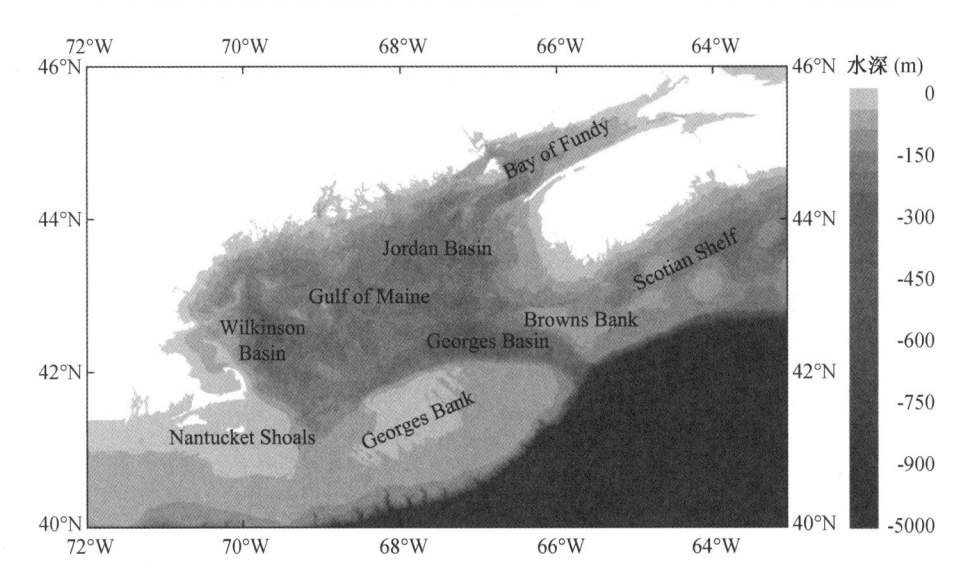

图 2.1 缅因湾及相邻陆架区域示意图

2.3 2007年4月"东北风暴"

2007年4月"东北风暴"于4月15日至18日间横扫美国东北部。该风暴由源于美国西南部的气压系统引起，经过美国中部大西洋沿海后迅速增强。在上层强低压过程的作用下，该风暴系统迅速向岸移动，并于4月16日在美国纽约沿海附近呈准静止状态。观测最低中心气压为968 hPa，强度与Ⅱ级飓风近似。2007年4月"东北风暴"在缅因湾内生成强风，最大阵风速度达70 m/s(Marrone, 2008)。

2007年4月"东北风暴"造成缅因湾西部沿海出现显著水位抬升和大浪。位于缅因州波特兰的水位站点观测到10年一遇的风暴潮位。风暴潮位在新罕布什尔州的Fort Port水位测点达到峰值，风暴潮位超50年一遇的水平。近岸波浪浮标记录到的最大有效波高超过9.0 m(Marrone, 2008; Douglas et al., 2010)。在天文高潮位、强风暴增水和大浪的综合作用下，缅因州南部至马塞诸塞州科德角一线海岸淹没和砂质海岸侵蚀严重。

2.4 研究方法

2.4.1 水动力模型

采用Luettich等(1992)和Westerink等(1994b)开发的水动力模型 ADvanced CIRCulation Model(ADCIRC)，对风暴期间缅因湾内水位和流场进行探讨。本研究采用ADCIRC模型的二维水深积分格式(ADCIRC-2DDI)。模型采用连续Galerkin有限元法，在非结构网格上求解广义波连续性方程。通过采用非结构网格，模型可以解析复杂岸线和地形条件下近岸水动力过程。经纬度坐标下ADCIRC的控制方程如下：

$$\frac{\partial \zeta}{\partial t}+\frac{1}{R\cos\phi}\left[\frac{\partial UH}{\partial \lambda}+\frac{\partial (VH\cos\phi)}{\partial \phi}\right]= 0 \tag{2.1}$$

$$\frac{\partial U}{\partial t}+\frac{1}{R\cos\phi}U\frac{\partial U}{\partial \lambda}+\frac{V}{R}\frac{\partial U}{\partial \phi}-\left(\frac{\tan\phi}{R}U+f\right)V =-\frac{1}{R\cos\phi}\frac{\partial}{\partial \lambda}\left[\frac{p_s}{\rho_0}+g(\zeta-\alpha\eta)\right]+\frac{v_T}{H}\frac{\partial}{\partial \lambda}\left(\frac{\partial UH}{\partial \lambda}+\frac{\partial VH}{\partial \phi}\right)+\frac{\tau_{s\lambda}}{\rho_0 H}-\tau_* U \tag{2.2}$$

$$\frac{\partial V}{\partial t} + \frac{1}{R\cos\phi}U\frac{\partial V}{\partial \lambda} + \frac{V}{R}\frac{\partial V}{\partial \phi} - \left(\frac{\tan\phi}{R}U + f\right)U = -\frac{1}{R}\frac{\partial}{\partial \phi}\left[\frac{p_s}{\rho_0} + g(\zeta - \alpha\eta)\right] +$$
$$\frac{v_T}{H}\frac{\partial}{\partial \phi}\left(\frac{\partial VH}{\partial \lambda} + \frac{\partial VH}{\partial \phi}\right) + \frac{\tau_{s\phi}}{\rho_0 H} - \tau_* V \qquad (2.3)$$

以上方程中：t 表示时间，λ 表示经度坐标，ϕ 表示纬度坐标；ζ 是自由水面相对于大地水准面的高度；U 和 V 分别为水深积分流速的经向和纬向分量；$H=\zeta+h$ 是总水深，h 为相对于大地水准面的水深；$f=2\Omega\sin\phi$ 为 Coriolis 参数，Ω 是地球自转角速度；P_s 是自由表面气压；η 是牛顿平衡潮势；α 是地球有效弹性系数；ρ_0 是水的参考密度；R 是地球半径；g 是重力加速度；$\tau_{s\lambda}$ 和 $\tau_{s\phi}$ 为表面风应力的经向和纬向分量，采用海气平方拖曳定律求解，其中拖曳力系数通过 Garratt 拖曳力公式计算（Garratt，1977）。τ_* 为底部摩阻；v_T 为深度平均水平涡黏系数。底部摩阻 τ_* 通过公式（2.4）求解：

$$\tau_* = C_f (U^2 + V^2)^{1/2}/H \qquad (2.4)$$

式中：C_f 为底摩阻系数。

2.4.2 谱波浪模型

本研究采用第三代谱波浪模型 Simulating WAves Nearshore（SWAN）（Booij et al.，1999；Ris et al.，1999）对近岸波浪过程进行探讨。SWAN 模型在求解波作用平衡方程的基础上，通过将二维波浪能量谱在频率和方向上进行积分，得到波浪特征参数。经纬度坐标下 SWAN 模型控制方程如式（2.5）：

$$\frac{\partial N}{\partial t} + \frac{\partial c_\lambda N}{\partial \lambda} + \cos^{-1}\phi \frac{\partial c_\phi \cos\phi N}{\partial \phi} + \frac{\partial c_\sigma N}{\partial \sigma} + \frac{\partial c_\theta N}{\partial \theta} = \frac{S_{tot}}{\sigma} \qquad (2.5)$$

式中：σ 为相对角频率；θ 为波浪传播方向；c_λ 和 c_ϕ 分别为经向和纬向波浪能传播速度；c_σ 和 c_θ 分别为波浪能在谱空间 (σ, θ) 的传播速度；S_{tot} 为波浪能量的源/汇项，包括波浪能量生成、耗散和在谱空间的重分布；N 为波作用密度，定义如下：

$$N(\lambda, \phi, \sigma, \theta) = E(\lambda, \phi, \sigma, \theta)/\sigma \qquad (2.6)$$

其中，E 为波浪能密度。

方程（2.5）中的能量源/汇项包括风能输入、底摩阻耗散、波浪破碎和波波非线性作用。

2.4.3 波流耦合模型

Dietrich 等（2011）在无结构网格的基础上对 SWAN 和 ADCIRC 模型进行

双向耦合,耦合过程为:ADCIRC对表面驱动风场和气压场进行插值,计算水位和流速;在此基础上,ADCIRC把基于网格节点的风速、水位和流速数据传递给SWAN;SWAN通过求解波作用密度平衡方程得到波浪能谱,再将表面波辐射应力传递给ADCIRC,重新计算水位和波浪。

2.5 模型构建

2.5.1 模型范围

模型范围覆盖缅因湾极其附近海域,模型的开边界沿科德角—楠塔基特湾—巴泽兹湾—新斯科舍陆架一线(为简便起见,将该区域称为缅因湾)(图2.2)。模型区域内水深从深海的4 000 m左右到沿海不足1 m。模型范围内非结构网格如图2.2(a)所示,该非结构网格共有233 939个节点,442 641个三角形单元。网格分辨率从深海区域的25 km到沿海地区的10 m,可以局部解析复杂的水深梯度和岸线形状。模型区域内水深、波浪浮标和水位站点位置如图2.2(b)所示。波浪浮标包括44017(纽约州Montauk Point)、44027(缅因州Jonesport)、44033(缅因州佩诺布斯科特湾西部)和44034(缅因湾东部陆架);水位站点包括8418150(缅因州波特兰)、8423898(新罕布什尔州Fort Point)和8452660(罗得岛新港)。

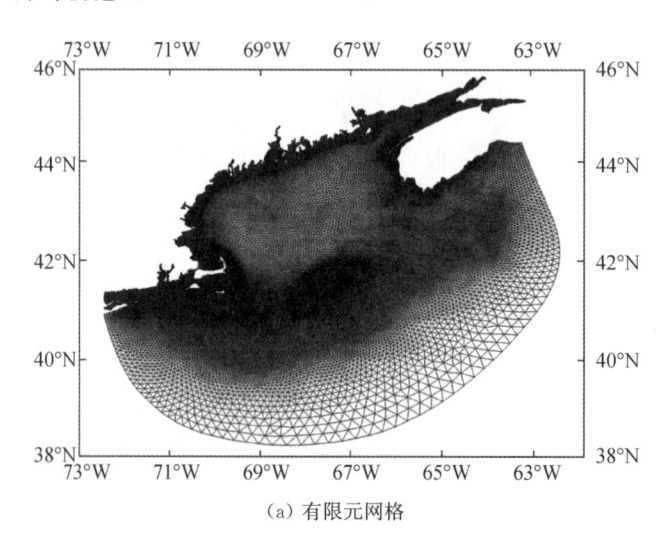

(a) 有限元网格

(b) 波浪浮标和水位测站

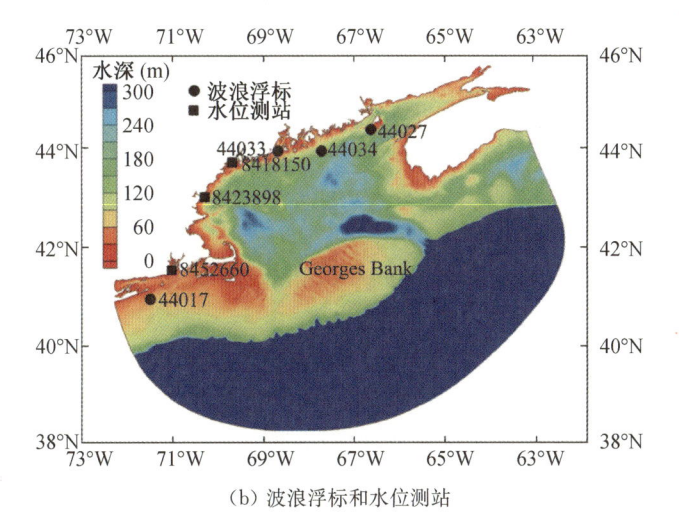

图 2.2　模型网格、波浪浮标和水位站点

2.5.2　海表面风场和气压场

本研究采用美国国家环境预报中心(NCEP)的北美区域再分析数据产品(NARR, http://www.esrl.noaa.gov/psd/)作为模型驱动风场和气压场。NARR 再分析数据覆盖北美地区,采用区域数据同化系统对高分辨率的 NCEP Eta 气象模型(水平分辨率为 32 km,垂向上共 45 层)输出结果进行改进,在覆盖北美地区的再分析数据产品中准确性最高。目前,该再分析气象产品在垂向 29 个气压和高度层上每日输出 8 次(0000UTC、0300UTC、0600UTC、0900UTC、1200UTC、1500UTC、1800UTC、2100UTC)温度、风、气压和降雨等变量。

首先,采用波浪浮标观测结果对 NARR 再分析产品中的海表面 10 m 高度处风速进行验证,结果如图 2.3 所示,其中 Obs 代表波浪浮标观测结果,NARR 代表 NARR 再分析产品输出结果。可以看出,NARR 再分析产品输出结果与波浪浮标观测结果吻合良好。

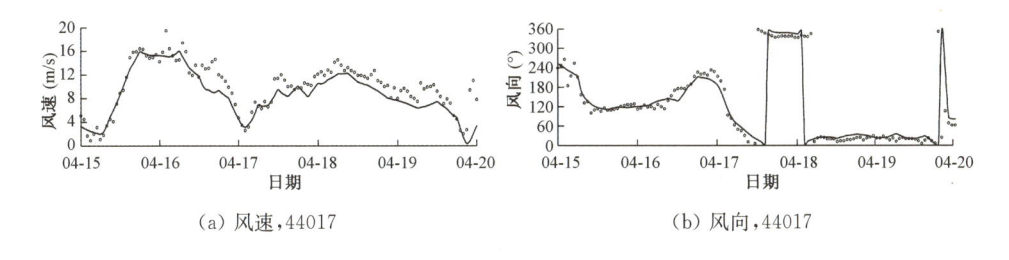

(a) 风速,44017

(b) 风向,44017

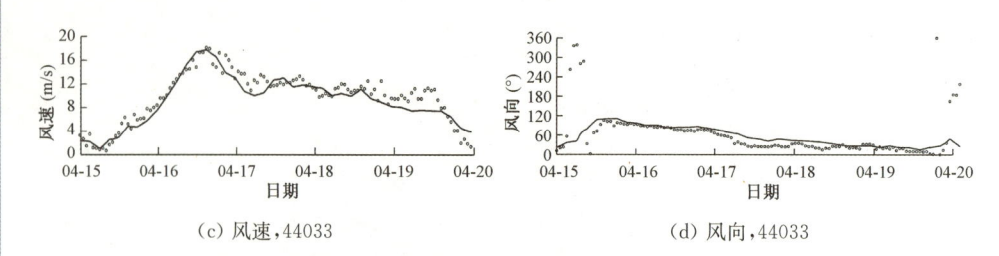

(c) 风速,44033　　　　　　　　　　　(d) 风向,44033

图 2.3　2007 年 4 月"东北风暴"期间 NARR 再分析风速资料与实测资料对比

2.5.3　模型参数

本研究采用 ADCIRC 进行风暴潮模拟,模拟时包括了有限振幅和对流项等非线性过程。模型计算域内采用同一黏性系数 5 m/s^2(Yang et al.,2008)。底摩阻系数采用混合底摩阻公式计算,底摩阻系数随水深变化(Luettich et al.,2006)。计算公式如下:

$$C_f = C_{f\min}\left[1 + \left(\frac{H_{break}}{H}\right)^{\theta_f}\right]^{\gamma_f/\theta_f} \quad (2.7)$$

式中:C_f 为底摩阻系数;$C_{\min}$ 为最小底摩阻系数;H_{break} 为浅水极限水深;θ_f 为决定混合底摩阻系数在接近深水和浅水极限(H_{break})底摩阻系数时速度的无量纲参数;γ_f 为决定底摩阻系数随着水深变化的无量纲参数。当水深小于 H_{break} 时,混合底摩阻系数计算公式接近于随着水深变化的曼宁公式;当水深大于 H_{break} 时,该公式接近于谢才公式。在上式中,各系数采用 Luettich 和 Westerink(2006)推荐的值:$C_{f\min} = 0.03$,$H_{break} = 2.0$ m,$\theta_f = 10$,$\gamma_f = 1.33333$。

在计算表面风应力时,采用 Garratt(1977)提出的公式计算风应力拖曳系数,其中最大风应力拖曳系数取值为 $C_d = 0.0035$。模型开边界采用 8 个分潮(M2、S2、N2、K2、K1、P1、O1 和 Q1)的调和常数驱动,分潮调和常数从俄勒冈州立大学 TPXO 天文潮模型结果(Egber et al.,2002)中插值获取。ADCIRC 的计算时间步长采用 1 s,满足计算稳定性要求。

波浪模型 SWAN 采用与 ADCIRC 相同的非结构网格和表面驱动风场。在模型开边界处,采用美国国家海洋和大气管理局(NOAA)西北大西洋海域 WAVEWATCHIII 模型输出的再分析波浪谱(ftp://polar.ncep.noaa.gov/pub/history/waves)作为边界条件,可以合理反演本模型域外生成的涌浪在模型域内的传播。

波浪谱积分频率的范围设置为 0.04~1.00 Hz,并在对数尺度上离散为 34

个单元。波浪谱采用全圆求解,方向分辨率为 10°。底摩阻采用 Jonswap 公式计算(Hasselmann et al.,1973),风浪和涌浪采用同一底摩阻系数 0.038 m²/s³ (Hasselmann et al.,1973)。SWAN 模型计算步长采用 600 s。

SWAN 与 ADCIRC 模型耦合的时间间隔与 SWAN 模型时间步长相同。ADCIRC 模型每 600 秒向 SWAN 模型传递表面风、水位和流场,SWAN 模型则将辐射应力传递给 ADCIRC 模型以更新水位和流速计算。模型计算采用冷启动,从 2007 年 4 月 1 日至 4 月 30 日运行 30 天。在叠加表面驱动风场和气压场之前,采用双曲正切函数调制模型边界水位,允许边界水位在 5 天内达到平衡状态。

本章开展了三种情况下的模拟试验:(1) 采用 ADCIRC 模型模拟风暴潮位;(2) 采用 SWAN 模型模拟波浪;(3) 采用 SWAN+ADCIRC 耦合模型考虑波流耦合作用。

2.6 结果与讨论

2.6.1 天文潮和增水验证

首先采用 ADCIRC 模型对 2007 年 4 月"东北风暴"期间的天文潮位进行模拟,与水位测站实测资料进行比较。海岸淹没通常发生在天文高潮位,因此,天文潮位的准确模拟是开展海岸淹没研究的基础。采用 MATLAB 调和分析工具箱 T-Tide(Pawlowicz et al.,2002)对水位站点的实测水位进行调和分析,提取天文潮位,与模型预测结果进行比较。图 2.4 为缅因湾沿岸三个水位站点 8418150、8423898 和 8452660 处实测天文潮位和模拟值的比较结果,可以看出,模拟结果与实测值吻合良好。在高潮位时,模拟值略低于实测值,这可能是模型对底摩阻系数估计过高所致。

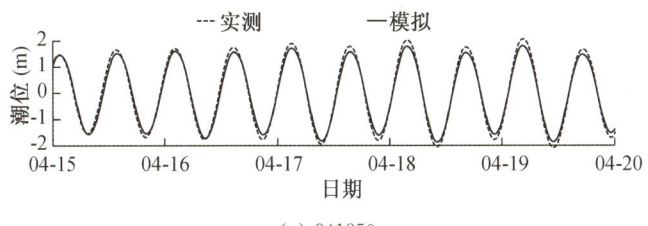

(a) 841850

(b) 8423898

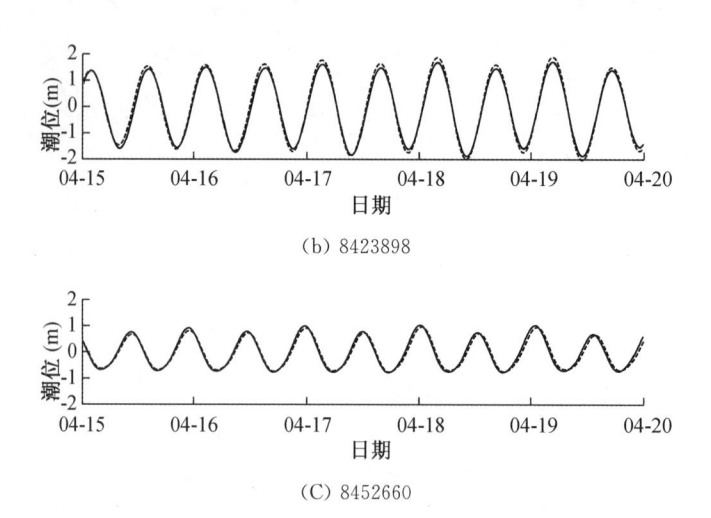

(C) 8452660

图 2.4 2007 年 4 月"东北风暴"期间模拟与实测水位对比

在天文潮模拟的基础上,在模型中叠加表面风和气压场,模拟 2007 年 4 月"东北风暴"期间缅因湾沿岸风暴潮。图 2.5 为模拟风暴增水与实测值的比较结果。

(a) 8418150

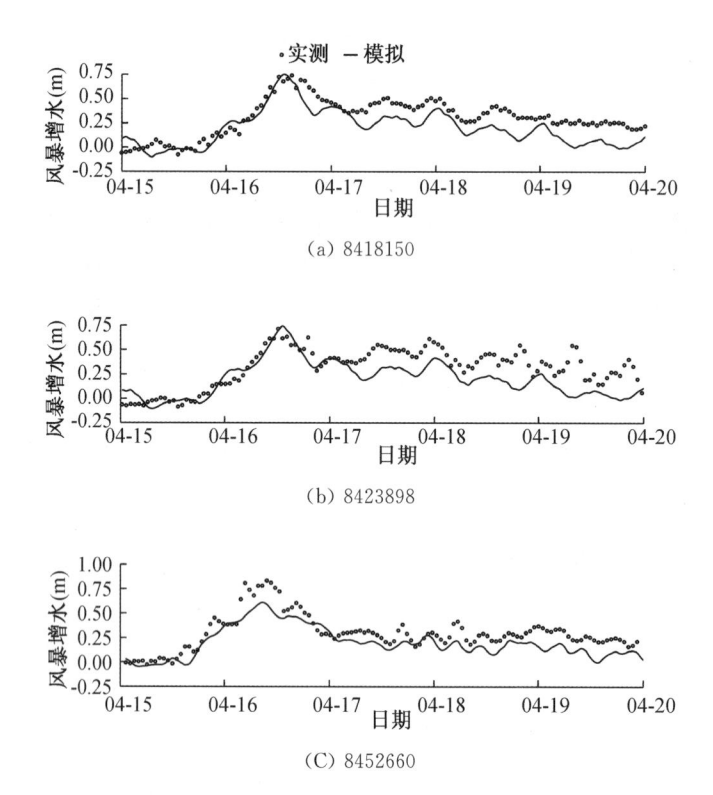

(b) 8423898

(C) 8452660

图 2.5 2007 年 4 月"东北风暴"期间模拟与实测增水比较

在 8418150 和 8423898 水位测站处，模拟峰值增水与实测值吻合较好。峰值增水后增水过程线呈周期性振荡，且振荡周期与天文潮一致，可能是由天文潮和风暴增水非线性作用过程导致。在 8452660 水位测站处，模拟峰值增水比实测值低 0.2 m，且峰值增水后模拟值较实测值整体偏低，这可能是因为缅因湾西部沿海距离模型东部边界风区较短。Pugh(1987)提出了估算风暴增水的简单公式：在恒定风场的作用下，当无限长岸线处增水达到平衡状态时，海岸处水面坡度可以用简单的线性稳态表达式计算。计算公式如下：

$$\zeta \propto \frac{C_d \rho_A W^2 L}{g \rho D} \tag{2.8}$$

式中：ζ 为海岸风暴增水，L 为陆架宽度，D 为平均水深，W 为风速，C_d 为风拖曳力系数，ρ_A 为空气密度，ρ 为海水密度。在 2007 年 4 月"东北风暴"向东移动的过程中，离岸风从东南向东偏转。在没有适当水位边界条件的情况下，模型域内的陆架宽度 L 不足以用于预测海岸增水。在这种情况下，可以在模型开边界上采用水位或者流速边界，适当考虑边界处增水对近岸的影响。

2.6.2 波浪验证

图 2.6 将模拟波浪特征参数与波浪浮标观测数据进行了对比。图 2.6(a)至图 2.6(d)为有效波高(SWH)对比，图 2.6(e)至图 2.6(h)为谱峰周期(DPD)对比。

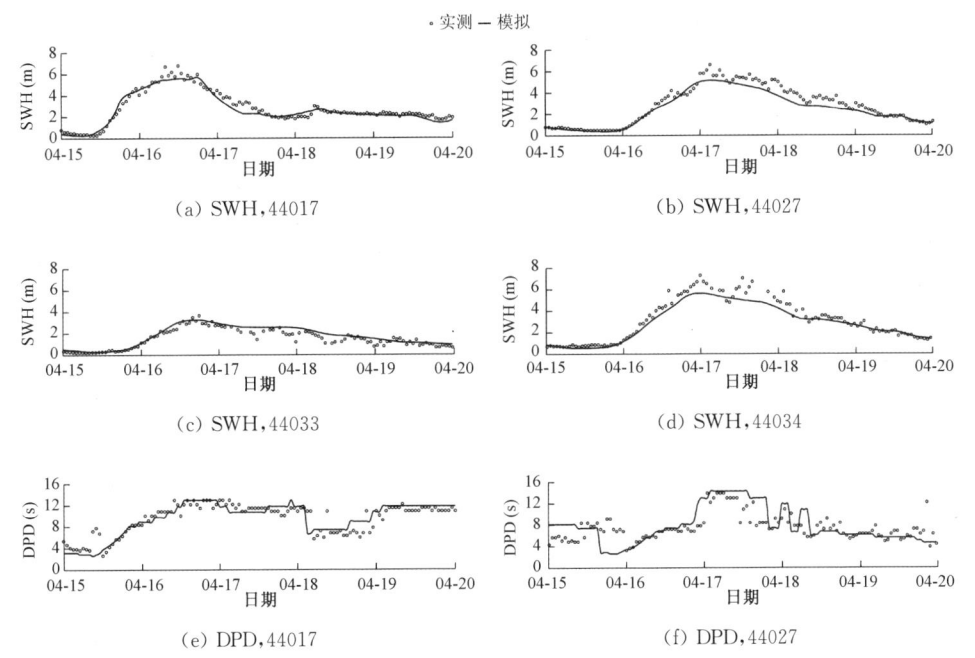

(a) SWH, 44017

(b) SWH, 44027

(c) SWH, 44033

(d) SWH, 44034

(e) DPD, 44017

(f) DPD, 44027

(g) DPD,44033

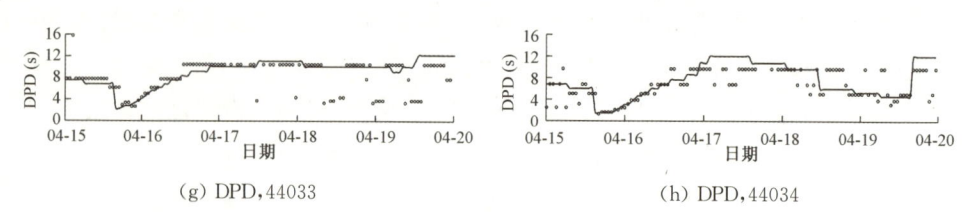

(h) DPD,44034

图 2.6　2007 年 4 月"东北风暴"期间模拟与实测波浪特征值比较

SWAN 模型能很好地再现波浪的生长和衰减过程。在波浪浮标 44027、44034 和 44017 处，模拟的峰值有效波高比实测值低约 1.4 m，而模拟的谱峰周期与实测值基本一致。这种低估在很大程度上来源于表面风的误差。已有研究表明，输入风速的 10% 误差将导致有效波高模拟出现 20%～25% 的误差(Teixeira et al.，1995)。本研究采用的 NARR 风场数据为每 3 小时一次、网格分辨率为 32 km，时间和空间上分辨率不足可能导致结果出现低估。

2.6.3　波浪传播

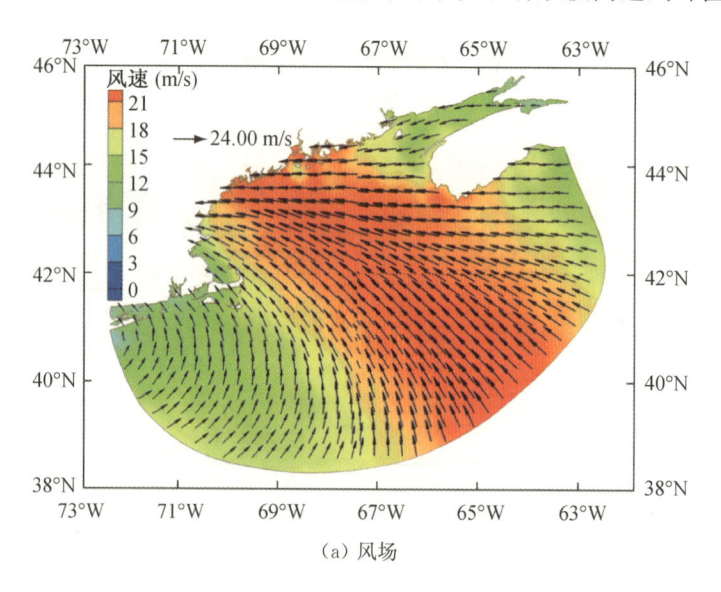

本节采用 2007 年 4 月 16 日 1400UTC 时的风场和波浪场对模型域内的波浪传播与演化进行描述。此时，缅因湾南部的水位和有效波高达到峰值。

(a) 风场

(b) 波浪场

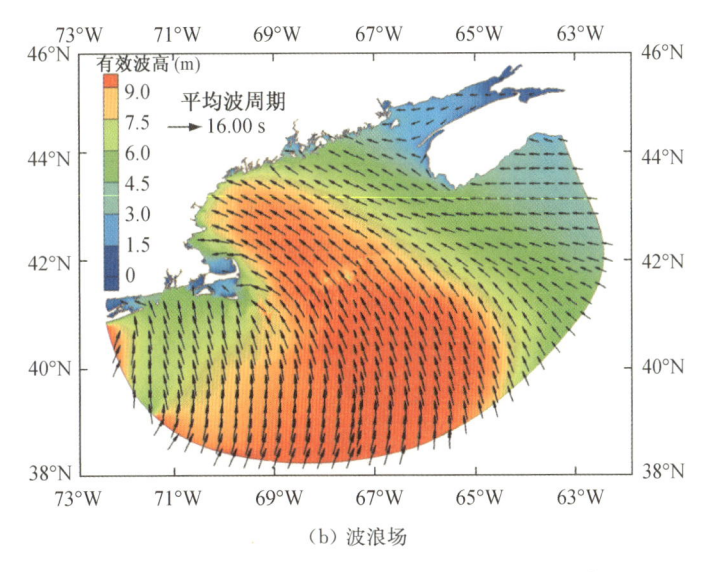

图 2.7　2007 年 4 月 16 日 1400UTC 时风场与波浪场

如图 2.7(b)所示，在模型范围内的大部分海域，2007 年 4 月"东北风暴"过程在海面生成的有效波高超过 5.0 m，最大有效波高出现在乔治浅滩向海一侧，约 9.0 m。有效波高的分布可以用波浪谱理论进行估计，波高大小取决于风区长度和风时。风能输入增大有效波高，白帽耗散、底摩阻耗散和波浪破碎等过程则会耗散波浪能量。乔治浅滩上滩槽纵横分布，最小水深不超过 20 m。当波浪从深海传入缅因湾内时，波浪能量经乔治浅滩耗散。研究表明，乔治浅滩可以有效降低经深海传入缅因湾内的波浪能量。波浪在缅因湾内传递时，底摩阻和波浪破碎进一步减小有效波高。

2.6.4　水深平均流场

图 2.8 绘制了 2007 年 4 月 16 日 1400UTC 时缅因湾内水深平均流场。图 2.8(a)为潮流场，图 2.8(b)为不考虑波浪作用的风暴流场，图 2.8(c)为考虑波浪作用的风暴流场。

通过对比图 2.8(a)和图 2.8(b)可以看出，除去沿海部分区域，模型域内大部分海域潮流起主导作用。芬迪湾内潮流流速最大达 2.0 m/s。此外，乔治浅滩上潮流速度较大。在乔治浅滩南侧，水深平均流速为 0.6～0.8 m/s。北侧潮流略大，介于 0.7～0.9 m/s 之间。在滩面水深最小处，潮流速度可达 1.0 m/s。

图 2.8(b)为水深平均风暴流场。在气象条件驱动下，沿海水深平均流速显著增大。在缅因湾西部沿海，大部分地区沿岸流流速超过 0.5 m/s。在海岸区

域,风暴过程中风与海岸线平行并生成沿岸流,流速大小与水深成反比,并最终受到底摩阻限制(Pugh,1987)。同时,与岸线垂直方向上的风应力由海平面梯度平衡。会产生一个垂直于海岸的海平面梯度来平衡跨海岸方向的地面风应力。在乔治浅滩上,风暴过程中水深平均流速增加,流向向北偏。

图 2.8(c)考虑了辐射应力对流场的影响。在浅水区域,波浪浅水变形、波浪折射、底摩阻耗散和波浪破碎等过程导致波高变化显著,引起较大辐射应力。与图 2.8(b)相比,波浪作用下乔治浅滩上水深平均流速增加约 0.2 m/s。波浪能量经由深海传入缅因湾内时,在乔治浅滩上耗散显著(图 2.7(b))。波浪能量耗散产生的多余动量通量作用于水体,增加了向缅因湾内的净输移。

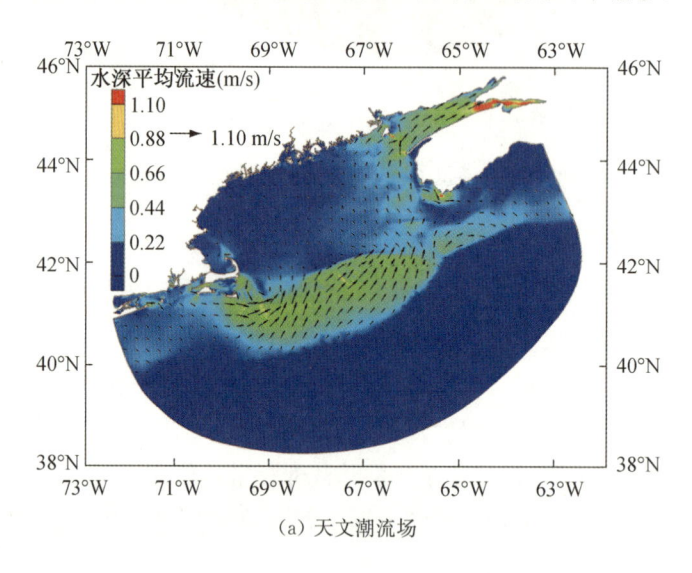

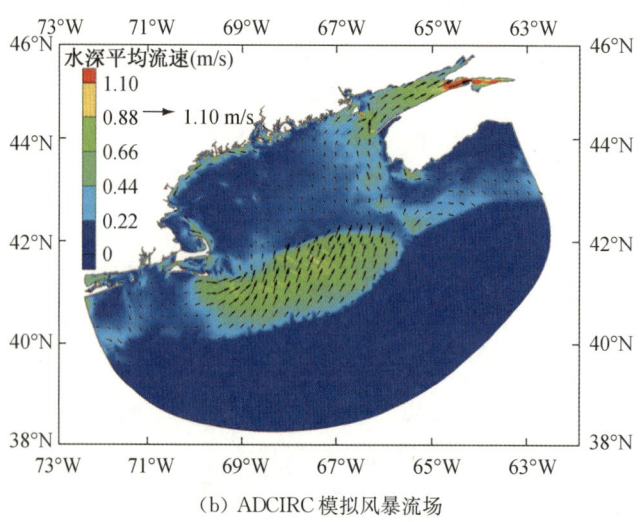

(a) 天文潮流场

(b) ADCIRC 模拟风暴流场

(c) SWAN+ADCIRC 模拟风暴流场

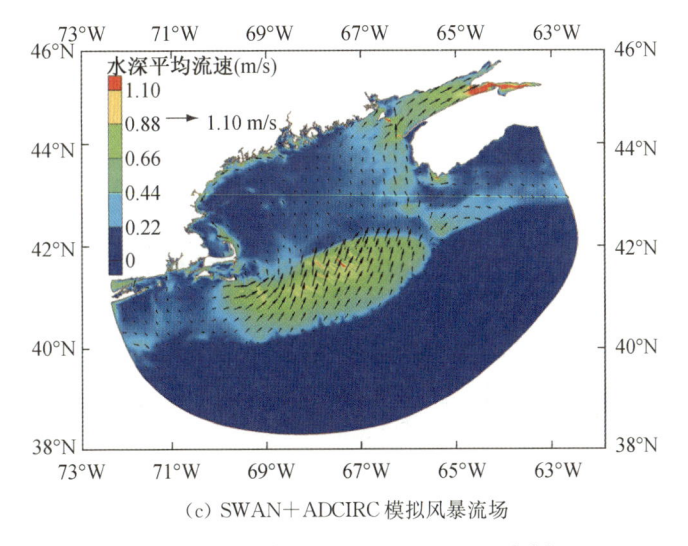

图 2.8　2007 年 4 月 16 日 1400UTC 时流场

2.6.5　余流场

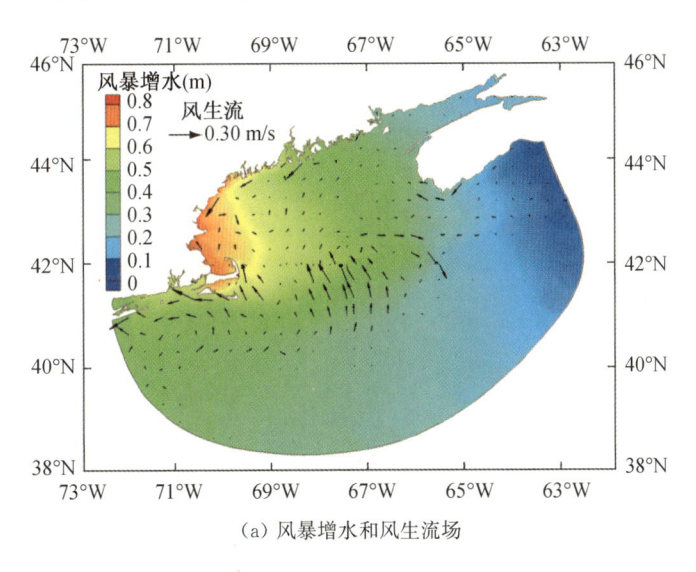

本节对 2007 年 4 月 16 日 1400UTC 时刻的风生流和波生流进行进一步分析。图 2.9(a) 和图 2.9(b) 分别显示了风暴增水、风生流和波生流场。

(a) 风暴增水和风生流场

(b) 波浪增水和波生流

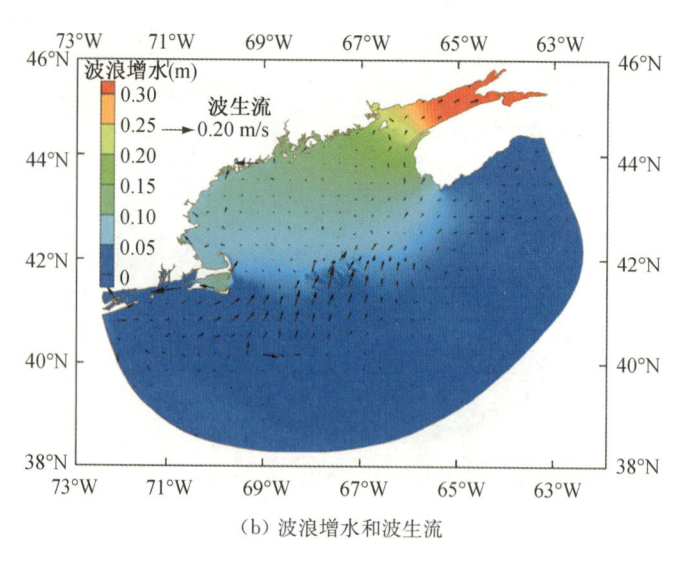

图 2.9　2007 年 4 月 16 日 1400UTC 时风生流和波生流场

在缅因湾西部沿海,风和气压引起的风暴潮水位达 0.8 m[图 2.9(a)],与 Marrone(2008)结果一致。风生流在乔治浅滩上最为显著,达 0.3 m/s。

模型域内波生流与风生流的分布特征并不一致[图 2.9(b)]。波驱动的剩余电流与气象强迫驱动的剩余电流表现出不同的模式[图 2.9(b)]。辐射应力引起的波浪增水在芬迪湾内最大达 0.3 m,且呈现从北到南、从海岸到近海逐渐减小的分布特征。波生流在乔治和浅滩和沿海达 0.2 m/s。在乔治浅滩,波生流方向为由南向北,增加了水体向缅因湾内的净输移。在沿海区域,波浪斜向入射生成辐射应力,作用于平均流场,生成沿岸波生流。波生流的幅值受到底摩阻的限制。

2.7　本章小结

2007 年 4 月"东北风暴"席卷缅因湾沿海地区,造成严重的海岸淹没和侵蚀。本书采用波流耦合模型 SWAN+ADCIRC 对风暴过程中缅因湾内的水动力响应进行探讨。通过与水位站点和波浪浮标实测资料对比,可以看出模型可以合理反演缅因湾内的天文潮、风暴增水和波浪过程。对风暴过程中缅因湾内的波浪和流场分布进行分析,主要结论如下。

(1) 波浪能量由深海向缅因湾内传播时,经由乔治浅滩耗散显著,表明乔治浅滩可以有效降低经深海传入缅因湾内的波浪能量。

（2）风生流和波生流在乔治浅滩和缅因湾西部沿海得到增强,其最大值分别为 0.3 m/s 和 0.2 m/s。

（3）在沿海区域,由风和波浪辐射应力生成的沿岸流与水深成反比,流速受到底摩阻限制。在缅因湾西部沿海,辐射应力梯度引起的波浪增水可达 0.2 m,海岸防洪应该合理考虑波浪增水的影响。

第 3 章

缅因湾内波流相互作用过程

3.1 背景介绍

在地形和岸线复杂的近岸区域,风暴过程中波流相互作用显著(如 Wolf, 2009;Nicolle et al.,2009)。在海岸区域,尤其是海岸洪水频发的低洼地区,准确预测沿海的水位和波浪,需要对波流相互作用过程有合理认识(Zou et al., 2013)。与此同时,天文潮、风暴增水和波浪的相互作用对沿海泥沙输移也有显著影响(Warner et al.,2008;Warner et al.,2010)。

天文潮和风暴增水通过水深和水流对波浪产生影响,波浪则通过辐射应力(Longuet-Higgins et al.,1962,1964;Zou et al.,2006;Ardhuin et al.,2008; Mellor,2005,2008)、底部摩阻(Grant et al.,1979;Zou,2004)、海表面应力(Johnson et al.,1998;Taylor et al.,2001;Moon et al.,2004a,2004b;Haus, 2007)调节水位和流场。已有研究波对波流相互作用机制进行过全面介绍(Ozer et al.,2000;Wolf,2009)。此外,波浪会引起被称为斯托克斯漂移的近水面漂移流。风-波浪以及波-流间的动量传递会对海表面风生流进行修正(Jenkins, 1986,1987a,1987b,1989)。海表面流场由风生流、斯托克斯漂移和潮流共同组成(Perrie et al.,2003;Tang et al.,2007)。目前,虽然已有对三维辐射应力表达式的推导(Mellor,2005,2008;Ardhuin et al.,2008),但是 Longuet-Higgins 和 Stewart(1962,1964)的二维波浪辐射应力表达式仍然被广泛应用(Dietrich et al.,2012;Bolaños et al.,2014)。在浅水区域,波浪的传播和变形受水深控制,因此受到天文潮位和风暴增水的调节。同时,水流极其水平梯度会导致波浪发生普勒频率偏移和折射(Komen et al.,1996)。

在沿海地区,波浪一方面通过波浪增水调节水位,另一方面通过辐射应力驱动沿岸流和向/离岸流(Longuet-Higgins et al.,1961,1962,1964;Xia et al.,2004;Zou et al.,2006;Mellor,2005,2008;Ardhuin et al.,2008;Bennis et al.,2011;Sheng et al.,2011)。此外,表面波的存在改变海表面粗糙度和应力,影响增水生成过程(Janssen,1989,1991;Craig et al.,1994;Brown et al.,2009)。在浅水区域,波浪的存在会增强底摩阻,减小水流流速(Grant et al.,1979;Christoffersen et al.,1985;Xie et al.,2001;Zou,2004)。已有研究对不同波流相互作用过程进行探讨,如 Perrie 等(2003)、Tang 等(2007)和 Uchiyama 等(2009,2010)。本书着重对缅因湾内浅水区域天文潮、风暴增水和波浪进行探讨。仅在浅水区域,波浪破碎和底摩阻耗散导致波高变化剧烈,辐射应力显著,影响平均流场。在深海区域,辐射应力对平均流场的影响可以忽略不计。

缅因湾受"东北风暴"影响频繁,其中 2007 年 4 月"东北风暴"是一个典型的"东北风暴"过程。该风暴过程中的实测最低中心气压为 968 hPa,强度与Ⅱ级飓风类似。2007 年 4 月 15 日至 18 日,风暴沿着危险路径席卷了美国东北部(图 3.1)。4 月 16 日上午,风暴中心在纽约市沿海呈准静止状态,在缅因湾内持续产生强烈的东南风,峰值风速超过 70 m/s(Marrone,2008)。4 月 17 日,风暴迅速减弱并向东移动。4 月 18 日再次增强,并在缅因湾产生强烈的东北风(图 3.1 和图 3.2)。

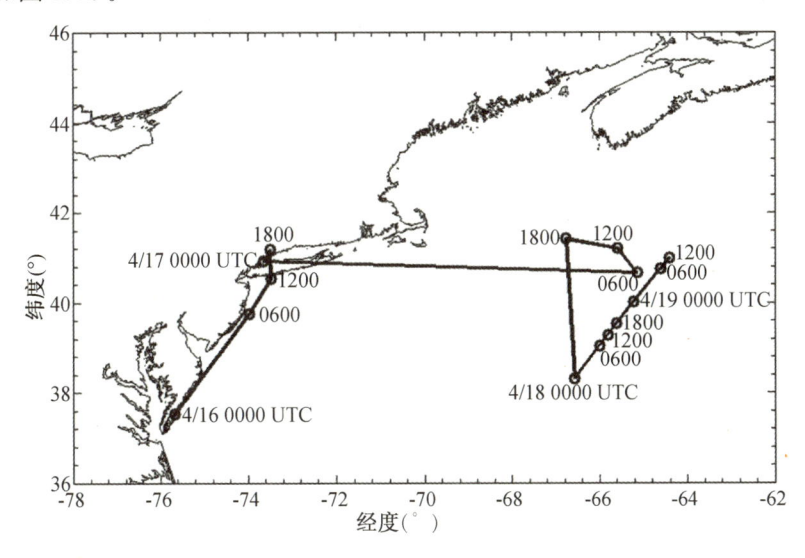

图 3.1　2007 年 4 月"东北风暴"路径(4/16/2007/4/16 0000UTC 至 2007/4/19 1200 UTC)

2007年4月"东北风暴"导致缅因湾西部沿海生成高水位和巨浪。北至缅因州南部、南至马萨诸塞州科德角一线,高天文潮位、风暴增水和大浪叠加,导致沿海区域发生严重的海岸淹没和侵蚀。2007年4月"东北风暴"期间,缅因州波特兰附近的风暴潮位超过了1991年的"完美风暴"期间的风暴潮位。严重的海岸洪水灾害给沿海公共基础设施造成经济损失约2 200万美元(Marrone,2008)。

因其复杂的地形和岸线条件,缅因湾内风暴增水和波浪的可靠预测仍然面临巨大挑战。波浪和增水预测的准确性在很大程度上取决于海底地形和驱动气象数据的质量。缅因湾有着极其复杂的海岸线和在空间尺度上迅速变化的水深,所以沿海风场和波浪场变化剧烈。波浪生成、传播和耗散受到局部风、水深和岛屿的严重影响(Panchang et al.,2008)。

过去对缅因湾内风暴潮和波浪的数值模拟研究主要在嵌套的结构网格上进行。例如,Panchang等(2008)对缅因湾内波浪进行数值模拟,分析缅因湾内波浪气候。该研究将NOAA在开敞海域的波浪预测作为边界条件,驱动沿海高分辨率的区域和局部波浪模型。Bernier和Thompson(2007)采用POM模型探讨缅因湾内天文潮和增水的相互作用。最近,基于非结构网格的双向耦合波流模型FVCOM/SWAVE被用于缅因湾内的波浪和水流模拟(Sun et al.,2013;Beardsley et al.,2013;Chen et al.,2013)。Sun等(2013)分析了波流相互作用对风暴潮预测精度的影响。Chen等(2013)对三个波流耦合模型在缅因湾内的运用开展比较研究,包括ADCIRC/SWAN、FVCOM/SWAVE和SELFE/WWM,评估不同波流耦合模型对风暴期间马萨诸塞州沿海海岸淹没模拟的准确性。

Panchang等(2008)指出,由于缅因湾沿海潮差较大,潮流很可能对波浪的传播产生显著影响。然而到目前为止,关于缅因湾内天文潮和潮流对波浪的影响研究较少。直到最近,Sun等(2013)采用波流耦合模型FVCOM/SWAVE探讨了"鲍勃"飓风期间的波流相互作用。仅就"鲍勃"飓风而言,通过研究发现天文潮对波浪的影响很小。Xie等(2016)在不考虑波流相互作用的情况下,分别采用ADCIRC和SWAN对缅因湾海岸的风暴潮和波浪进行了分析。在本节中,我们着重研究2007年4月"东北风暴"期间缅因湾沿海地区风暴潮对波浪的影响。

风暴潮模型ADCIRC和波浪谱模型SWAN采用相同的非结构网格进行近岸水动力和波浪要素求解。ADCIRC基于有限元算法,可以实现非结构网格的灵活布设。在深海区域,模型网格分辨率较低;在地形和岸线形态复杂的近岸区域,模型网格采用高分辨率。采用非结构网格可以较好地捕捉缅因湾内岸线曲折、水深梯度较大、岛屿和海岸工程棋布的特点。大量在西北大西洋和墨西哥湾沿海开展的研究表明，ADCIRC模型可以精确计算风暴期间区域和局部海域的水位变化(Luettich et al.，1994；Mukai et al.，2001；Westerink et al.，2008)。Zijlema(2010)采用有限差分算法开发了基于非结构网格的SWAN版本。

目前，在缅因湾沿海，缺乏对波流相互作用机制的全面研究。基于此，本书的主要研究目标是更好地理解风暴期间(如2007年4月"东北风暴")波流耦合作用机制，尤其是水深较浅的乔治浅滩和Saco Bay地区。前者是全球产出最高的陆架生态系统之一(Fry，1988)，后者在过去几十年里遭受了严重的海岸侵蚀(Hill et al.，2004)。

本章节的结构安排如下：3.2节简要介绍波流耦合模型SWAN+ADCIRC；3.3节对缅因湾内波流耦合模型结果进行验证；3.4节基于模型结果讨论和评估了缅因湾内波流相互作用对水位、流场和波浪的影响；3.5节为本章小结和讨论。

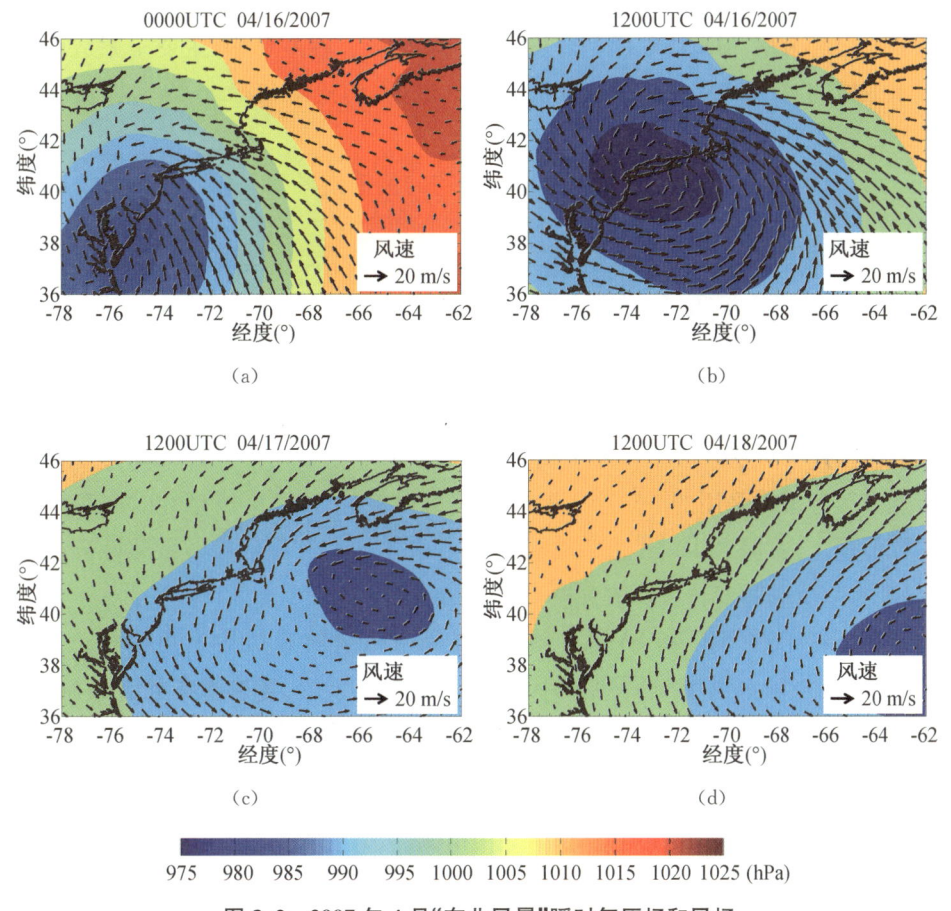

图3.2 2007年4月"东北风暴"瞬时气压场和风场

3.2 波流耦合模型

3.2.1 模型描述

采用 ADCIRC 模型开展 2007 年 4 月"东北风暴"期间缅因湾内的水位和流场响应研究。ADCIRC 模型由 Luettich 等(1992)和 Westerink 等(1994b)开发，本研究采用该模型沿水深积分的二维(2D)模式，通常被称为 ADCIRC-2DDI。ADCIRC 模型采用连续伽辽金有限元算法，在非结构网格上求解广义波连续性方程。通过采用非结构三角网格，ADCIRC 模型运用的灵活性大幅提高，可以推求复杂岸线和水深条件下近岸水动力过程。鉴于此，ADCIRC-2DDI 对预测风暴潮和海岸洪水适用性号，且可以兼顾计算效率(Luettich et al., 1992; Westerink et al., 1994b; Dietrich et al., 2012)。Chen 等(2008)和 Dietrich 等(2010)已经采用 ADCIRC 模型开展沿海流场研究。在本章中，主要采用适用于浅水区域的 ADCIRC 二维模式开展浅水区域(乔治浅滩和 Saco Bay)波流相互作用过程及其影响研究。

第三代波浪谱模型 SWAN 为相位平均的波浪谱模型，模型根据风、海底地形、水流和水位解析沿海和内陆水域的随机风生浪过程(Booij et al., 1999; Ris et al., 1999)。SWAN 模型综合考虑了三波和四波相互作用、波浪破碎、底部摩擦和白帽耗散过程。通过对二维波浪能量谱在频域和方向域进行积分，求解了波浪谱密度作用平衡方程，获取波浪参数。Zijlema(2010)采用有限差分算法开发了 SWAN 的非结构网格版本。该版本的 SWAN 模型采用基于节点的、全隐式的有限差分方法求解波作用平衡方程，可以适应模型网格分辨率高可变性的特点。尽管模型采用的一阶隐式欧拉算法可以保证 SWAN 模型在时间积分中的数值稳定性，但 Zijlema(2010)的前期工作和本研究开展的模型敏感性分析结果表明，减少时间步长可以改善模型模拟结果。

在进行 ADCIRC 和 SWAN 耦合时，采用相同的非结构三角网格。ADCIRC 首先将输入风场插值到各计算时刻网格节点上，用以计算水位和流速。随后，ADCIRC 将风场、水位和流速传递到 SWAN 模型，用于求解波作用密度平衡方程，模拟二维波浪谱。在此基础上，SWAN 计算辐射应力梯度并传递给 ADCIRC，ADCIRC 开始下一个时刻的水位和流速计算(Dietrich et al., 2011)。在海岸尤其是破波带以内，辐射应力对水位和水流流速的准确模拟非常重要(Longuet-Higgins et al., 1964; Dietrich et al., 2011)。

3.2.2 模型范围

本章构建的波流耦合模型范围包括缅因湾和邻近的水域,模型的开边界沿科德角—楠塔基特湾—巴泽兹湾—新斯科舍陆架一线(为简单起见,称该区域为缅因湾)。模型域内深海最大水深约 4 000 m,沿海地区最小水深不足 1 m。模型非结构网格由 170 970 个节点和 317 992 个三角形单元组成。网格分辨率从深海开边界的 25 000 m 到沿海地区的 15 m,可以局部解析复杂岸线和地形。图 3.3 为模型覆盖范围和非结构网格。模型域内波浪浮标和水位站点的详细资料分别列于表 3.1 和表 3.2 中。

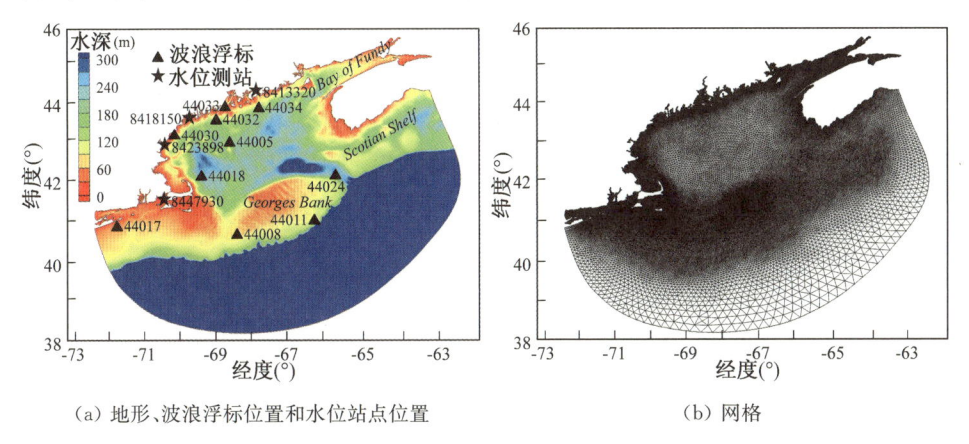

(a) 地形、波浪浮标位置和水位站点位置　　　　(b) 网格

图 3.3　缅因湾波流耦合模型

表 3.1　缅因湾内波浪浮标列表

波浪浮标编号	位置	水深(m)
44005	缅因湾	206.0
44008	楠塔基特湾	66.4
44011	马萨诸塞州乔治浅滩	82.9
44017	纽约州蒙托克角	52.4
44018	马萨诸塞州科德角	217.6
44024	东北通道	225.0
44030	缅因湾西部陆架	62.0
44032	缅因湾中部陆架	100.0
44033	佩诺布斯科特湾西部	110.0
44034	缅因湾东部陆架	100.0

表 3.2　缅因湾内水位站点列表

水位站点编号	位置	水深(m)
8413320	缅因州巴港	6.0
8418150	缅因州波特兰	12.0
8423898	新罕布什尔州 Fort Point	9.0
8447930	马萨诸塞州伍兹霍尔	5.0

　　SWAN+ADCIRC 模型对水位的模拟精度依赖于计算范围和网格精度的选取,因此,本章中模型范围和网格分辨率的选择参考了以往研究中的模型敏感性分析结果。例如,Blain 等(1994)对风暴潮的研究表明,将模型开边界置于深海区域可以最大限度地减少边界条件对水位模拟结果的影响。Chen 等(2013)和 Beardsley 等(2013)在进行缅因湾内海岸淹没模拟研究时,也选择将模型开边界放置在远离大陆架的深海区域。然而,ADCIRC 的二维模式(2DDI)可能不能很好地求解深海处深度平均流速。

3.2.3　海表面风场和气压场

　　在选定模型驱动风场和气压场之前,首先对常用的两组再分析风场数据在缅因湾内波浪和风暴潮模拟方面的精度进行比较,包括 CCMP 海表面风场资料(http://rda.ucar.edu/datasets/ds745.1)和 NARR 北美区域再分析风场资料(http://rda.ucar.edu/datasets/ds608.0)。CCMP 海表面风场资料为覆盖全球的风场资料,该资料的网格分辨率为 0.25°,时域上的分辨率为 6 h。NARR 风场资料主要覆盖美国大陆及沿海地区,网格分辨率为 32 km(约 0.30°),时域上的分辨率为 3 h。通过对比研究发现,在 2007 年 4 月"东北风暴"过程中的风暴潮和波浪模拟中,NARR 风场资料比 CCMP 风场资料表现得更好。本章给出了 NARR 北美区域再分析气象数据驱动下的风暴潮和波浪模拟结果。NARR 气象数据库采用高分辨率(32 km)的中尺度 NCEP Eta 气象模型输出结果作为背景场。NCEP Eta 气象模型在垂向上共 45 层。在气象模型输出的基础上,结合区域数据同化系统合成网格化的再分析气象数据。通过区域性数据同化,NARR 气象数据库在温度、风和降水等气象参数上比该地区其他数据集精确度更高。NARR 气象数据库在 29 个垂向层上每 3 小时输出风、气压、降水等气象参数。

　　ADCIRC 模型采用海表以上 10 m 高度处的风速和海平面气压作为气象驱动条件,SWAN 模型则采用海表以上 10 m 高度处风速作为驱动风场。图 3.4

为缅因湾内四个波浪浮标处实测和 NARR 数据库中海表以上 10 m 高度处风矢量的比较。可以看出，NARR 的风速大小和方向与波浪浮标的测量结果一致，可以为波浪和风暴潮模拟提供较好的气象驱动条件。

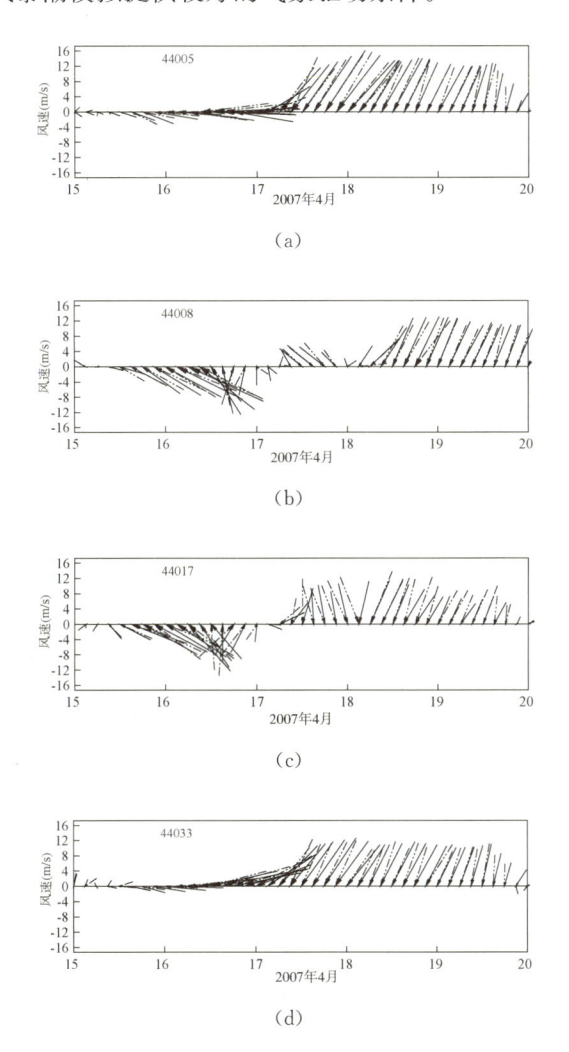

图 3.4　再分析风资料与实测风资料对比

3.2.4　模型构建

本章采用 ADCICR 二维深度积分模式（ADCIRC-2DDI）进行天文潮和风暴潮模拟。模拟中，考虑有限振幅和对流等非线性过程的影响。参考 Yang 等（2007）和 Bunya 等（2010）的研究，在模型域内采用同一黏性系数 5 m^2/s。采用 Garratt 拖曳力公式（Garratt，1977）计算海气拖曳力系数，最大值拖曳力系数设

为 $C_d \leqslant 0.0035$。Garratt(1977)拖曳力公式与 Charnock(1955)提出的基于海表面粗糙度(z_0)和摩擦速度(u_*)的关系一致，即在海洋表面上，当 $\alpha = 0.0144$ 时，$z_0 = \alpha u_*^2 / g$。Garratt(1977)基于风应力和风速剖面的观测结果，采用 Charnock(1955)对中性条件下海表以上 10 m 高度处拖曳力系数进行估算，得到风速介于 4 m/s 和 21 m/s 之间的海表面拖曳力系数。目前，Garratt(1977)的拖曳力系数公式在风暴潮模拟中仍被广泛使用，如 Westerink 等(2008)，Bunya 等(2010)和 Dietrich 等(2010)。

采用混合底摩阻公式计算底摩阻系数，允许底摩阻系数随着水深在空间上变化(Luettich et al.,2006)。具体表达式如下：

$$C_f = C_{fmin} \left[1 + \left(\frac{H_{break}}{H} \right)^{\theta_f} \right]^{\gamma_f/\theta_f} \quad (3.1)$$

当水深大于临界水深 H_{break} 时，式(3.1)转化为标准谢才系数公式，最小底摩阻系数 C_{fmin} 为常数；当水深小于临界水深 H_{break} 时，式(3.2)转化为曼宁系数公式，水深减小，底摩阻系数增大。式中，各参数取值采用 Luettich 和 Westerink(2006)推荐的取值，分别取值为：$C_{fmin} = 0.03$，$H_{break} = 2.0m$，$\theta_f = 10$，$\gamma_f = 1.33333$。

模型开边界采用天文分潮(M2、S2、N2、K2、K1、P1、O1 和 Q1)调和常数驱动。天文分潮调和常数从俄勒冈州立大学全球 TPXO 天文潮模型结果(Egbert et al.,2002；http://volkov.oce.orst.edu/tides/global.html)中插值获取。ADCIRC 的计算时间步长采用 1 s，满足计算稳定性要求。

SWAN 模型采用与 ADCIRC 相同的非结构网格和海表面风场。采用北大西洋西部 SWAN 模型输出的二维波浪谱作为模型边界条件，可使模型域外生成的波浪合理地传播至模型域内。

预先设定波浪谱积分范围为 0.031384～1.420416 Hz，并按对数尺度将频率离散为 40 个单元。波浪谱在方向上按照 10°的分辨率在全圆上求解。底部摩擦采用 JONSWAP 底摩阻公式(Hasselmann et al.,1973)。风浪和涌浪的底摩阻摩擦系数均设为 0.038 $m^2 s^{-3}$(Zijlema et al.,2012)。波浪谱积分时间步长设置为 600 s。

ADCIRC 模型和 SWAN 模型耦合的时间间隔与 SWAN 模型时间步长一致。ADCIRC 模型每 600 秒将风应力、水位和流速传递给 SWAN 模型。SWAN 模型继而将辐射应力传递给 ADCIRC 模型，更新水位和流速计算结果。模型启动采用冷启动，模拟时间从 2007 年 4 月 1 日到 2007 年 4 月 30 日。在模型施加表面风场和气压场驱动前,首先采用双曲正切函数调制边界水位达到平衡状态。

本章开展了三种情况下的模拟试验:(1) 采用 ADCIRC 模型模拟风暴潮位和流场;(2) 采用 SWAN 模型模拟波浪;(3) 采用 SWAN+ADCIRC 耦合模型考虑波流耦合作用。

3.3 模型验证

首先对风暴期间的逐时水位、水深平均流速和波浪参数的数值模拟结果进行验证。采用四个水位站点处实测水位对模拟的天文潮位和风暴增水进行验证;采用两个波浪浮标处声学多普勒流速剖面仪(ADCP)的观测结果对模拟流速进行验证;采用缅因湾陆架和海湾内四个波浪浮标的观测结果对模拟的有效波高和谱峰周期进行验证。模型验证采用的统计参数如下:

ⅰ) 平均偏差:实测和模拟值的平均偏差;

ⅱ) 峰值偏差:实测峰值和模拟峰值的偏差;

ⅲ) 均方误差:评估模型在风暴期间的平均模拟精度的均方根误差。

3.3.1 水位

首先将模拟的天文潮位与 NOAA 水位站点处实测数据进行比较。由于高纬度地区海岸洪水频发于天文高潮位附近,因此天文潮位的准确模拟是海岸淹没模拟的先决条件(Wolf et al.,2009)。采用 MATLAB 调和分析工具箱 T-Tide(Pawlowicz et al.,2002)对实测水位进行调和分析,分离天文潮位和风暴增水,然后将分离得到的天文潮位与模拟值进行比较。图 3.5 为缅因湾沿岸从北到南四个水位站点[8413320(缅因州巴尔港)、8418150(缅因州波特兰)、8423898(新罕布什尔州 Fort Point)和 8447930(马萨诸塞州伍兹霍尔)]处的比较结果。表 3.3 为模拟与实测水位的统计偏差。可以看出,模型模拟结果与实测数据在幅值和相位上均吻合较好。除 8447930 水位站点外,其他水位站点处模拟的高潮位较实测值略低,可能是模型高估了底部耗散以及数值扩散随时间累积所致。

图 3.6 为四个水位站点处增水模拟值和实测值的比较结果。在该四个水位站点处,波浪对增水的影响较小,因此图 3.6 仅绘出了没有考虑波浪影响的增水模拟值与实测值的比较。由于该四个水位站点均位于河口内遮挡较好的位置,所以波浪影响较小。在岸线开敞的沿海区域,波浪对增水的影响可能较为显著(Brown et al.,2013)。

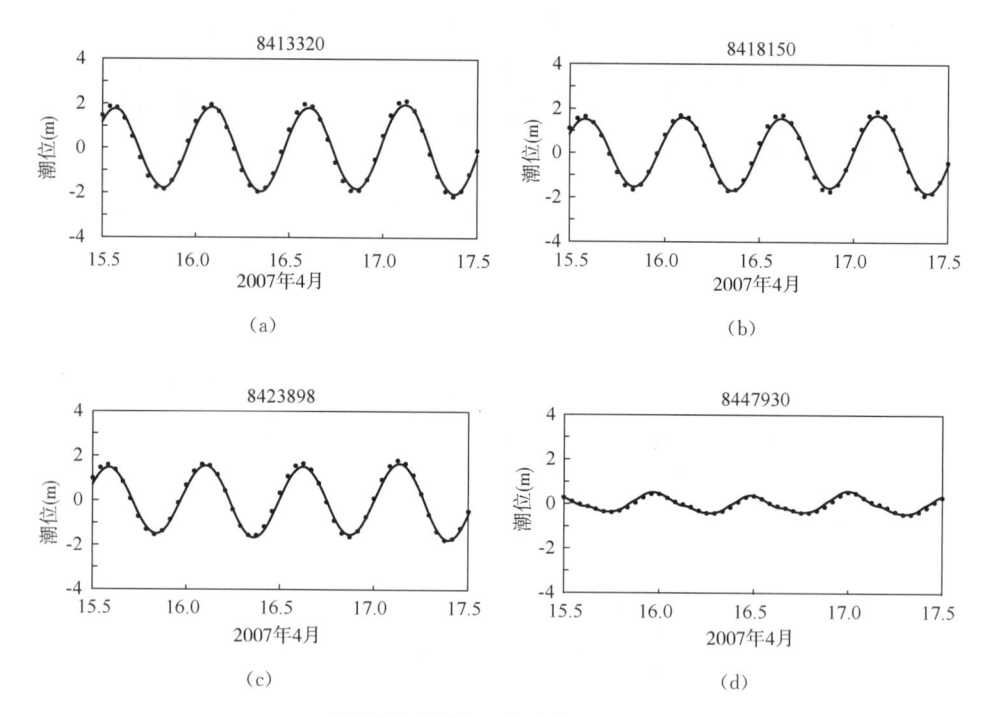

黑点代表实测值；黑实线代表模拟值。

图 3.5　模拟与实测潮位对比

表 3.3　模拟与实测水位的统计偏差

水位站点编号	平均偏差(m)	均方误差(m)
8413320	0.011	0.182
8418150	0.018	0.148
8423898	0.055	0.128
8447930	−0.029	0.063

由图 3.6 可知,模拟增水过程与实测增水吻合较好。在水位站点 8413320、8418150 和 8423898 处,潮差在 4.0 m 以上,天文潮位对风暴增水过程具有强烈的调制作用。在该三个水位站点处,模拟风暴增水可以准确预测第一个峰值增水,但是在第二个峰值增水处,模拟值较实测值低约 0.2 m。导致这一现象发生的原因如下:(1) 4月17日至4月18日间风暴逐渐东移,缅因湾内风向由东南向东偏转,此时 Ekman 输运(Sverdrup et al.,1942)重要性增加(参见图 3.1 和图3.2)。当风向东偏转后,海表面风应力在模型边界处生成 Ekman 输运,导致沿海增水出现第二个峰值;(2) 在 Scotian Shelf 侧边界上的水位升高没有得到

合理考虑(图 3.3)。在本章中的波流耦合模型开边界,只考虑了天文潮成分,忽略了侧边界处增水成分以及近海边界上 Ekman 输运对水位上升的影响。目前,可以通过两种手段减少开边界条件对沿海增水过程的影响:(1)增大模型覆盖范围,降低模拟结果对近海和侧向边界条件的敏感性;(2)采用更真实的边界条件,如水位和流速(Blain et al.,1994)。鉴于第一个峰值增水处模拟值和实测值吻合较好,本章研究主要聚焦第一个峰值增水的天文潮周期内波流相互作用过程。

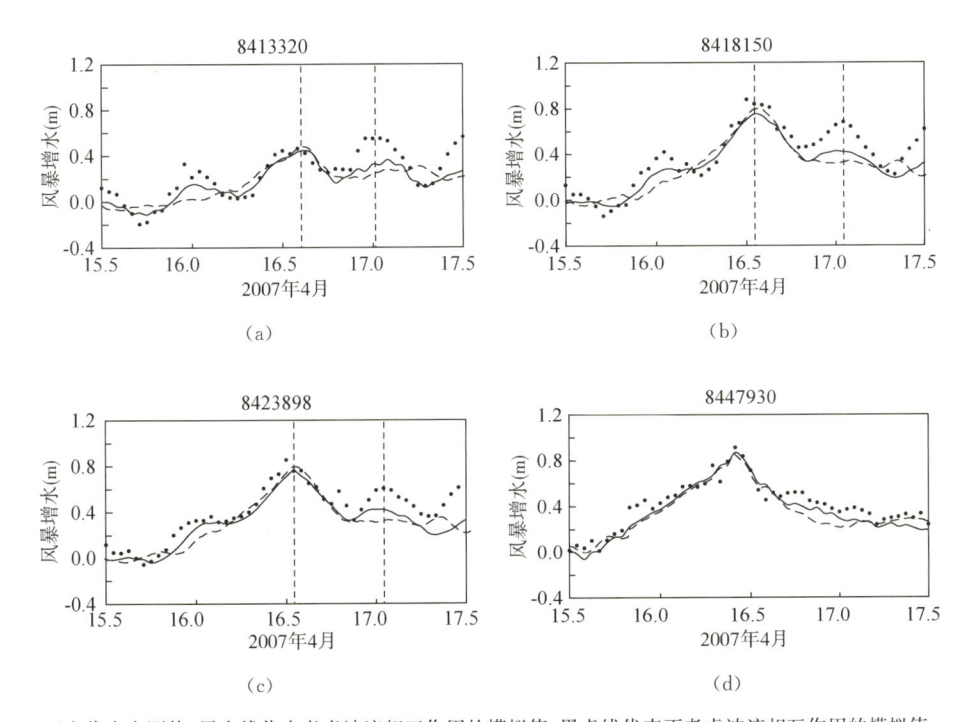

黑点代表实测值;黑实线代表考虑波流相互作用的模拟值;黑虚线代表不考虑波流相互作用的模拟值。

图 3.6 模拟与实测增水比较

表 3.4 模拟与实测增水的统计偏差

水位站点编号	平均偏差(m)	峰值偏差(m)	均方误差(m)
8413320	0.066	0.029	0.116
8418150	0.085	0.175	0.124
8423898	0.095	0.145	0.127
8447930	0.051	0.020	0.080

3.3.2 流速

本节对模拟水深平均流速进行验证。对声学多普勒流速剖面仪测得的垂向流速剖面进行水深平均处理,得到波浪浮标 44024 和 44033 处的水深平均流速序列,与模拟值进行比较。可以看出,模拟的水深平均流速与实测值吻合较好。在波浪浮标 44024 和 44033 处,水流的主要成分是潮流。模拟流速的经向分量较实测值略高。由于波浪浮标 44024 和 44033 处的水深均在 100 m 左右,波浪辐射应力较小,波浪对水流的影响可以忽略不计。然而,在浅水区域波浪变形和耗散明显,其对水流的影响显著。目前,ADCIRC 模型在考虑波流相互作用过程时仅包括波浪辐射应力作用,忽略了斯托克斯漂移、海面和底部应力作用。

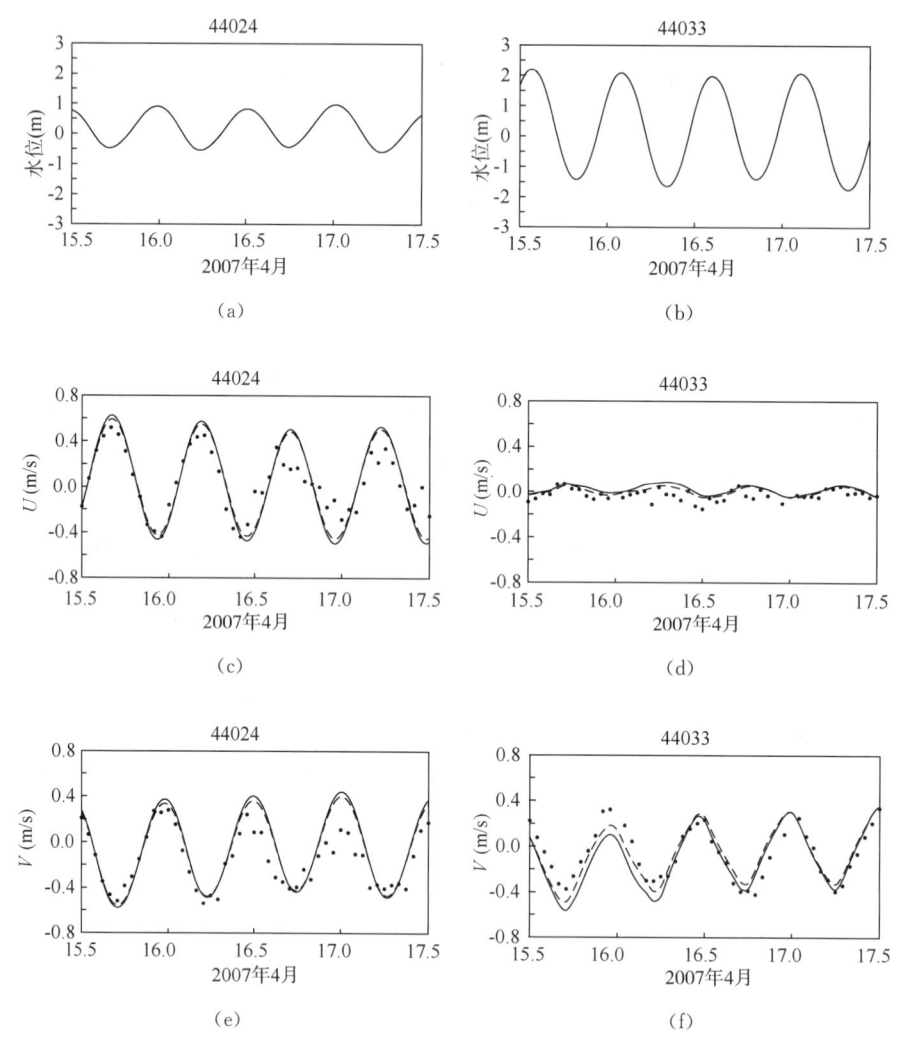

黑点代表实测值;黑实线代表考虑波流相互作用的模拟值;黑虚线代表不考虑波流相互作用的模拟值。

图 3.7 模拟水位、模拟和实测流速对比

表 3.5　模拟与实测流速统计偏差

流速仪编号	不考虑波流相互作用				考虑波流相互作用			
	U 分量(m/s)		V 分量(m/s)		U 分量(m/s)		V 分量(m/s)	
	平均偏差	均方误差	平均偏差	均方误差	平均偏差	均方误差	平均偏差	均方误差
44024	−0.022	0.161	−0.091	0.154	−0.016	0.176	−0.103	0.172
44033	−0.034	0.052	0.003	0.109	−0.051	0.067	0.051	0.136

3.3.3　波浪

如图 3.8 所示，对不考虑和考虑波流相互作用情况下波浪的模拟值进行了验证，可见模型可以合理模拟风暴前后的波浪生长和耗散。在四个波浪浮标处，不考虑和考虑波流相互作用的波浪模拟结果相似，说明在这四个点位处波流相互作用对波浪的影响很小。由于这四个波浪浮标均位于水深相对较大的海域（波浪浮标处水深见表 3.1），水流速度较小，因此水流对波浪的影响可以忽略不计。但是，在水流速度较大的其他区域，如乔治浅滩，波流相互作用对波浪的影响较大。虽然模型能很好地捕捉有效浪高的峰值，但低估了峰值后的浪高。4月 17 日之后风暴的快速演变（图 3.1 和图 3.2）导致缅因湾内风场快速变化。当前模型采用的 NARR 再分析气象资料每 3 小时输出一次，不能捕捉到湾内风场的快速变化。一般而言，提高输入风场在时间和空间上的分辨率，可以改善模型的模拟结果（Zou et al., 2013）。

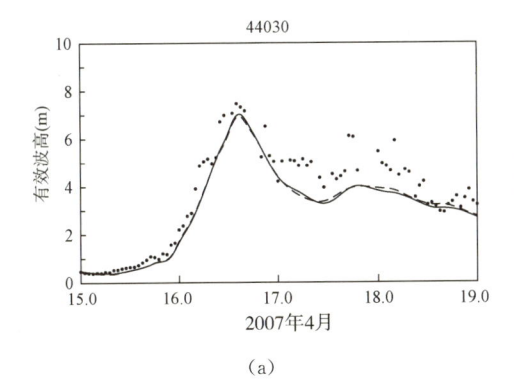

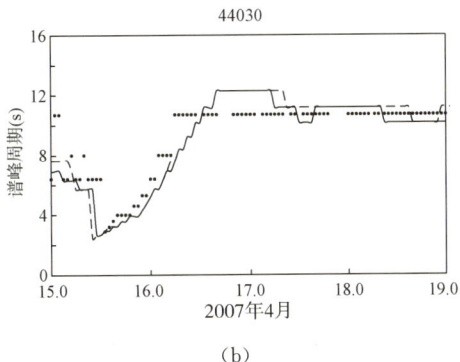

(a)

(b)

(c) (d)

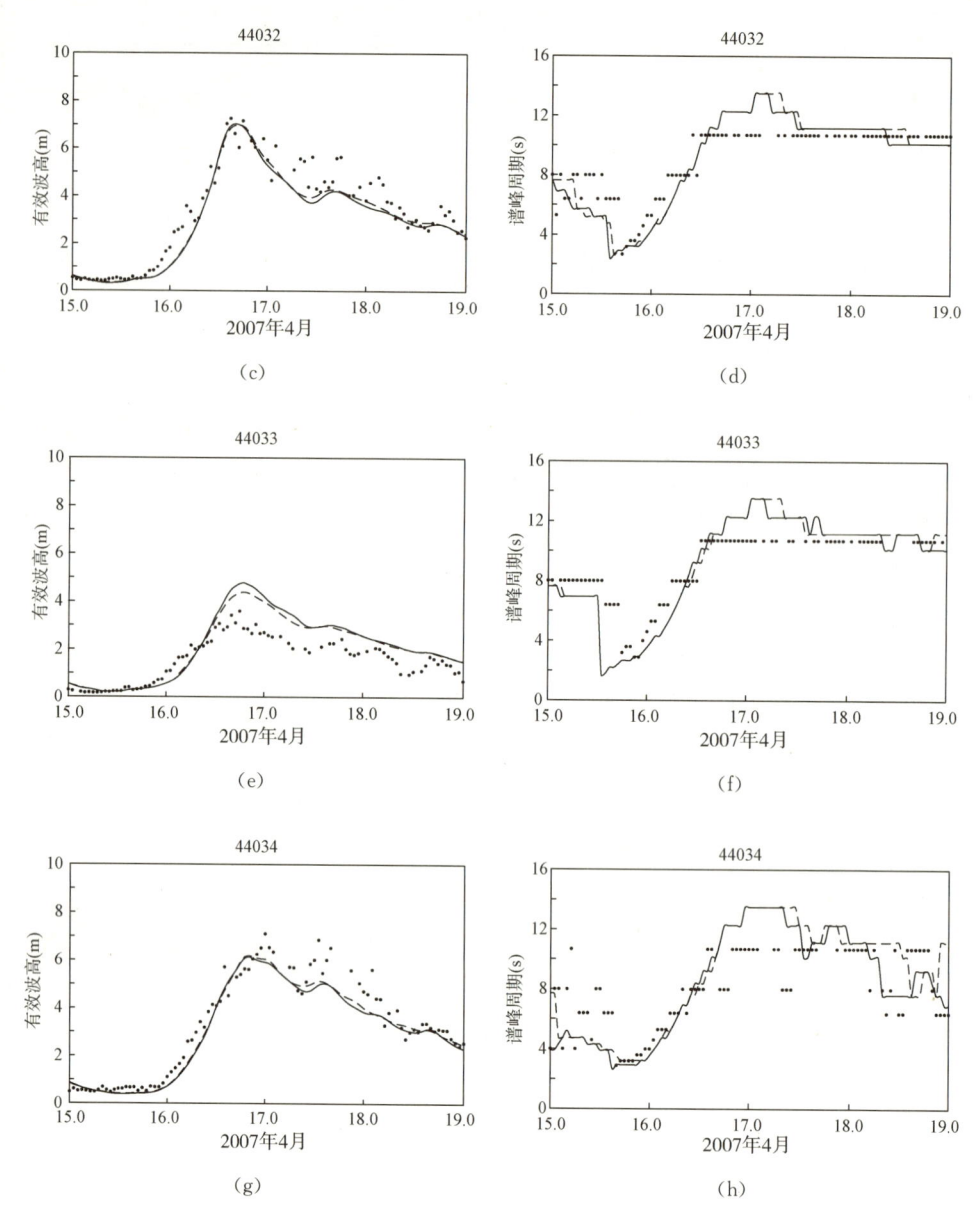

(e) (f)

(g) (h)

左:有效波高;右:谱峰周期;黑点代表实测值;黑实线代表考虑波流相互作用的模拟值;黑虚线代表不考虑波流相互作用的模拟值。

图 3.8　模拟与实测波浪特征值比较

表 3.6 模拟与实测有效波高统计偏差

波浪浮标编号	不考虑波流相互作用			考虑波流相互作用		
	平均偏差(m)	峰值偏差(m)	均方误差(m)	平均偏差(m)	峰值偏差(m)	均方误差(m)
44030	0.561	0.580	0.798	0.583	0.499	0.811
44032	0.314	0.425	0.609	0.369	0.319	0.655
44033	−0.419	−0.763	0.685	−0.490	−1.147	0.801
44034	0.283	1.074	0.558	0.341	1.200	0.605

3.4 模拟结果

本节通过比较不同情境下风暴峰值(2007 年 4 月 16 日 1400UTC 时)的波浪和水流,分析波流相互作用对流场和波浪的影响。此外,还分析了风暴峰值的潮周期内 Saco Bay 内波浪增水和波生流。

3.4.1 波浪对水流的影响

图 3.9 为风暴峰值时缅因湾内水深平均流场。在芬迪湾内和乔治浅滩上,水深平均流速相对较大。芬迪湾内最大流速为 2.0 m/s。在乔治浅滩南侧,水深平均流速为 0.6~1.0 m/s;北侧流速略大,在 0.8~1.2 m/s 之间。在乔治浅滩最小水深位置处,水深平均流速达 1.4 m/s。图 3.9 显示的模拟水深平均流场与 Greenberg(1983)和 Xue 等(2000)的数值结果以及 Pettigrew 等(2005)的现场观测结果吻合。

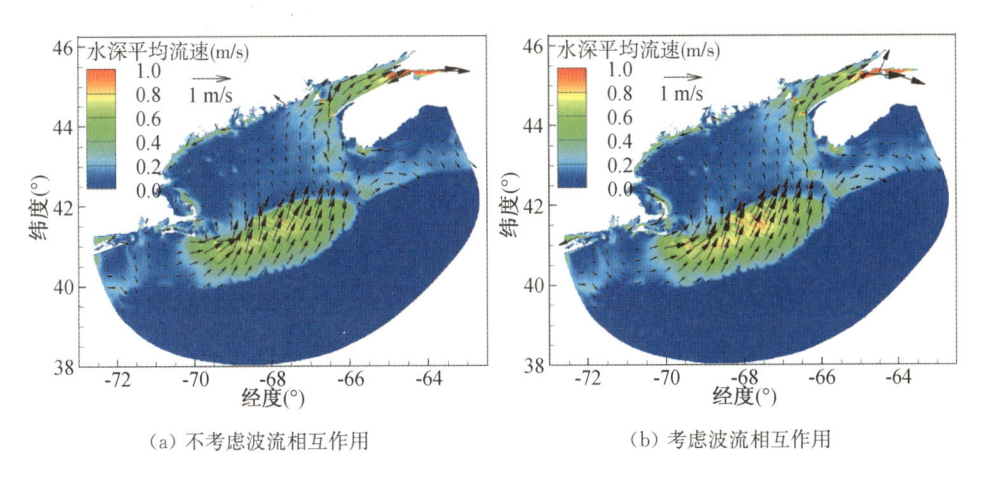

(a) 不考虑波流相互作用　　(b) 考虑波流相互作用

(c) 波生流

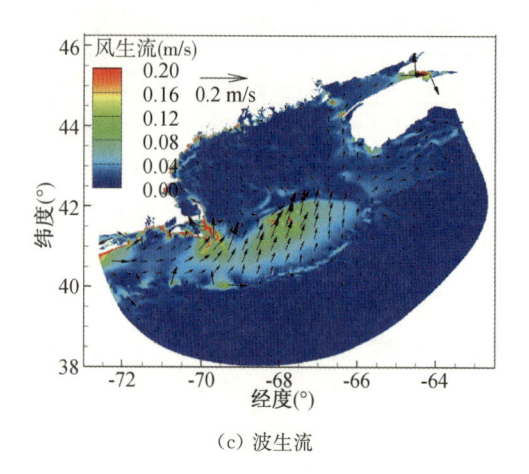

图 3.9　2007 年 4 月"东北风暴"峰值时段水深平均流场图

对比图 3.9(a)和图 3.9(b)可知,波流相互作用对水流的影响在乔治浅滩最为显著。在乔治浅滩上水深较浅,波浪通过波辐射应力使水深平均流速增加约 0.2 m/s。乔治浅滩上,波浪经底部摩擦和破碎耗散大量能量,波高减小,产生的波浪辐射应力与波高的平方成正比。波浪辐射应力导致的波生流场如图 3.9(c)所示。

在海岸区域,浅水波浪过程——波浪折射、绕射、底摩阻耗散、波浪破碎等导致波高变化剧烈,产生较大的辐射应力及梯度,进而对近岸区域流场产生显著影响。本章以 Saco Bay 为例来说明近岸区域波流相互作用对水位和流场的影响。Saco Bay 内地势低洼,风暴期间水位抬升和大浪的综合作用导致海岸洪水频发。目前,已有研究基于实测资料分析开展 Saco Bay 内水动力和泥沙输运分析(Hill et al.,2004;Kelley et al.,2005;Brothers et al.,2008;Tilburg et al.,2011),但是缺乏对风暴期间湾内波流相互作用过程的研究。图 3.10 为 Saco Bay 内水深情况,A 点为波浪和水位时间序列的输出位置,水深为 3.5 m。

图 3.11(c)为风暴峰值时刻 Saco Bay 内波浪分布。在波浪折射作用下,Saco Bay 内近岸区域有效波高等值线与图 3.10 中水深等值线平行。当波浪向海岸传播时,浅水效应导致波高增加,而波浪在方向上的重分布、底部摩擦效应、波浪破碎作用导致波高较小,生成多余动量流,即波浪辐射应力。波辐射应力作用于平均流场,产生波浪增水和波生流。图 3.11(d)为风暴峰值时刻 Saco Bay 内辐射应力梯度分布。在海底地形突变位置,辐射应力梯度相对较大。在 Saco Bay 沿岸中部区域,辐射应力梯度与岸线垂直,并在有效波高变化最大处达到峰值。在 Saco Bay 沿岸北部和南部,辐射应力梯度与海岸线斜交,作用于沿岸流。就幅值而言,Saco Bay 沿岸辐射应力梯度大小为 0.002 4~0.006 0 N/m^2。

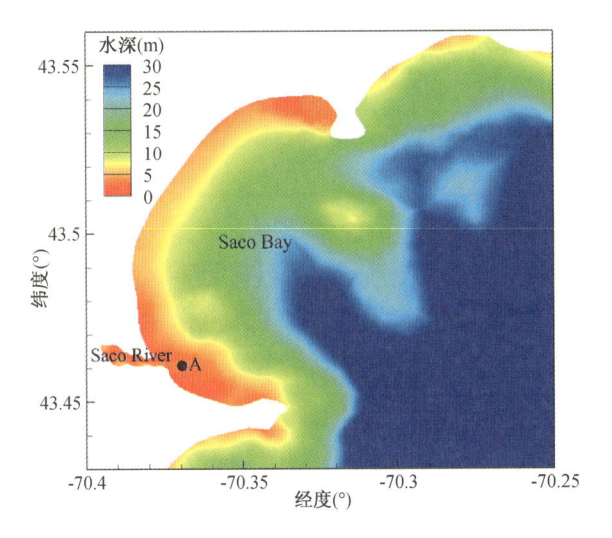

图 3.10 Saco Bay 水深分布。A 点为水位和流速时序输出点位

(a) 不考虑波流相互作用的流场

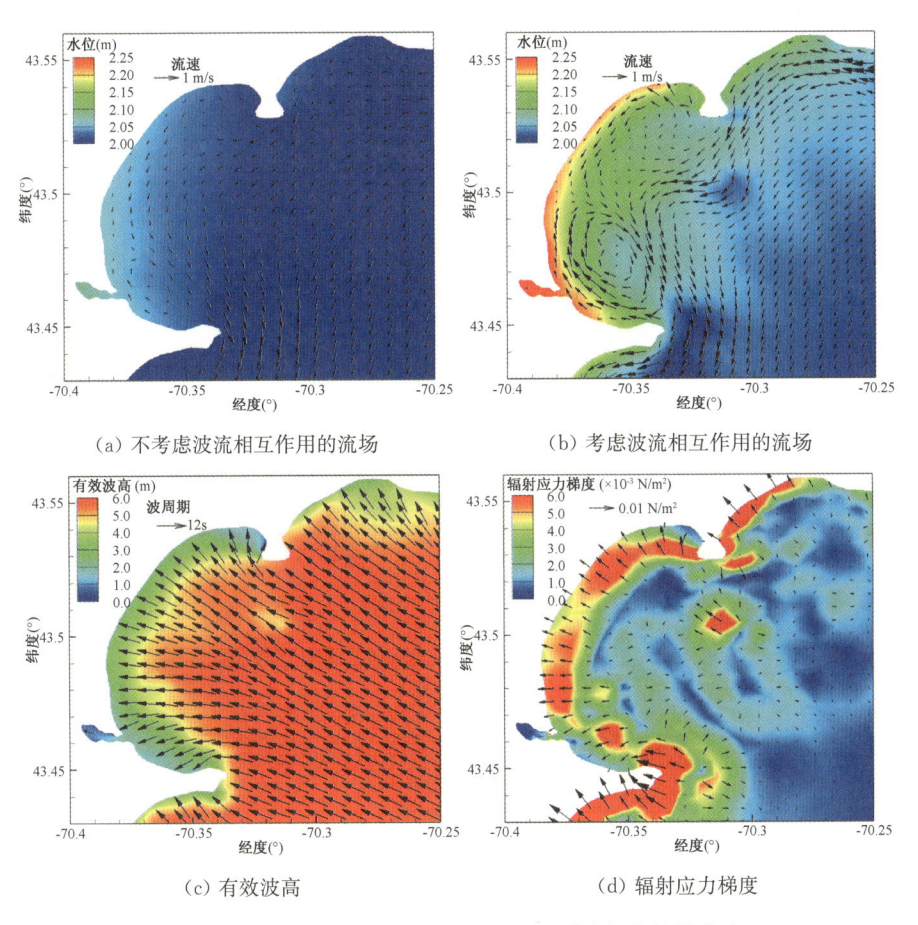

(b) 考虑波流相互作用的流场

(c) 有效波高

(d) 辐射应力梯度

图 3.11 2007 年 4 月 16 日 1400UTC 时流场和波浪分布

图 3.11(a)和图 3.11(b)为风暴峰值时刻 Saco Bay 内风暴水位和水深平均流场。在波浪作用下,沿岸风暴水位幅值增加约 0.2 m,占总风暴水位的 20% 左右。最大波浪增水出现在 Saco River 河口。波浪作用下 Saco Bay 内水深平均流速也显著增加。波生流在 Saco Bay 内占主导,幅值达 1.0 m/s,这与 Hill 等(2004)的观测结果量级一致。在 Saco River 外海,存在一个顺时针方向的环流。波流相互作用导致该环流流速增大,位置向海移动[图 3.11(b)]。在 Saco Bay 内,南向和北向的沿岸流在沿海中部汇聚,在质量守恒作用下形成强离岸流,并在离岸方向进一步向南偏转。部分南向离岸流继续向南流动,剩余部分汇入顺时针环流。在 Saco Bay 内,波生流是泥沙输运和岸滩侵蚀的重要动力过程。

图 3.12 为 Saco Bay 内 A 点处模拟的天文潮位、风暴增水、有效波高和波浪增水时间序列。在 A 点处,最大风暴增水为 0.9 m,出现在高潮位前 2 小时;最大波浪增水则与天文高潮位和最大有效波高出现时间重合。波浪增水幅值受与岸线垂直方向的辐射应力梯度控制。在海岸处,潮汐对波高起重要调制作用(Zou 等,2013)。近岸波浪过程如波浪浅水变形、折射和破碎与水深直接相关。在高潮位时,波浪传播变形与破碎生成与岸线方向垂直的剩余动量流,波浪增水导致水位抬升。潮位下降时,有效波高减小,相应波浪增水也减小。

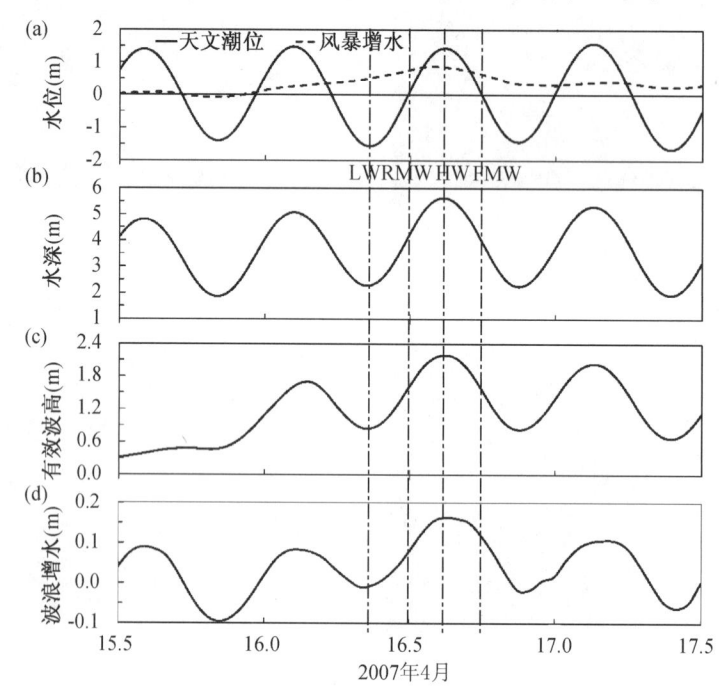

四条虚线分别代表低潮位(涨憩)、涨急、高潮位(落憩)和落急四个时刻。

图 3.12 Saco Bay 内 A 点位处模拟水位、有效波高、波浪增水时间序列

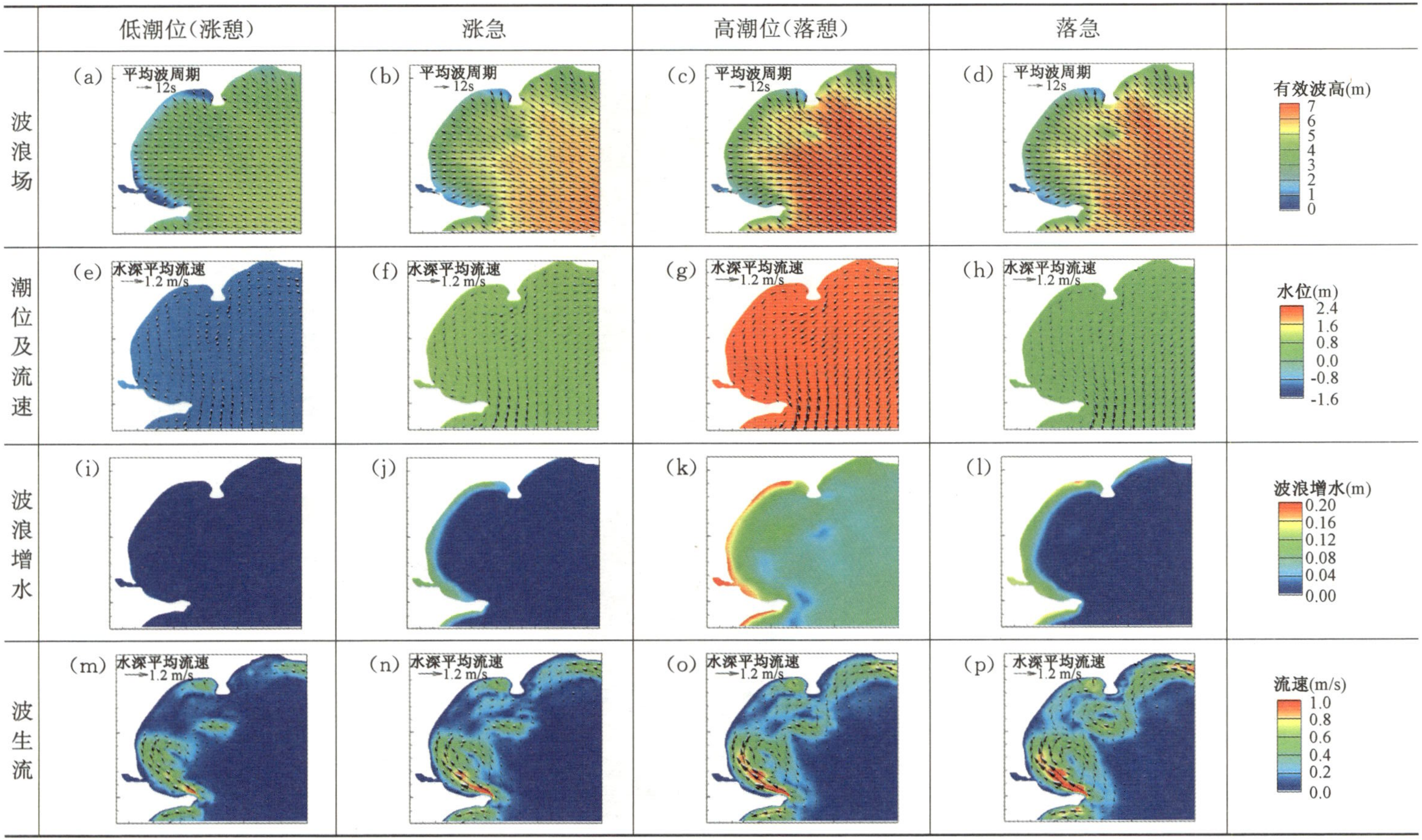

图 3.13 Saco Bay 内四个天文潮相位时的波浪场（上排）、风暴潮潮位及水深平均流速（第二排）、波浪增水（第三排）和波生流（下排）

图 3.13 为 Saco Bay 内四个潮相时波浪增水与波生流场分布。可以看出，潮位升高时有效波高和波浪增水也相应增大。在 Saco Bay 内南北两个岬角附近，分别形成两个顺时针方向的环流，并持续约 26 h。波浪能量在岬角处辐聚、在湾内辐散，形成由岬角向湾内传播的动量流，进而形成环流。随着水位抬升，环流也相应增强。

3.4.2 水流对波浪的影响

本节分析波流相互作用对波浪模拟结果的影响。由图 3.14 可以看出，在不考虑和考虑波流相互作用的情况下，模型域内波浪分布相似。在风暴峰值时刻，模型域内大部分海域有效波高超过 7.0 m。在乔治浅滩，波流相互作用对波浪影响较为显著。在水流作用下，乔治浅滩上有效波高减小 0.3~0.5 m。乔治浅滩区域潮差较小：在南侧，潮差约为 1.0 m；在北侧，潮差约为 2.0 m。该区域水流速度较大，达 1.0 m/s。在风暴峰值时刻，水流流向东北方向，与平均浪向垂直，导致波浪折射。

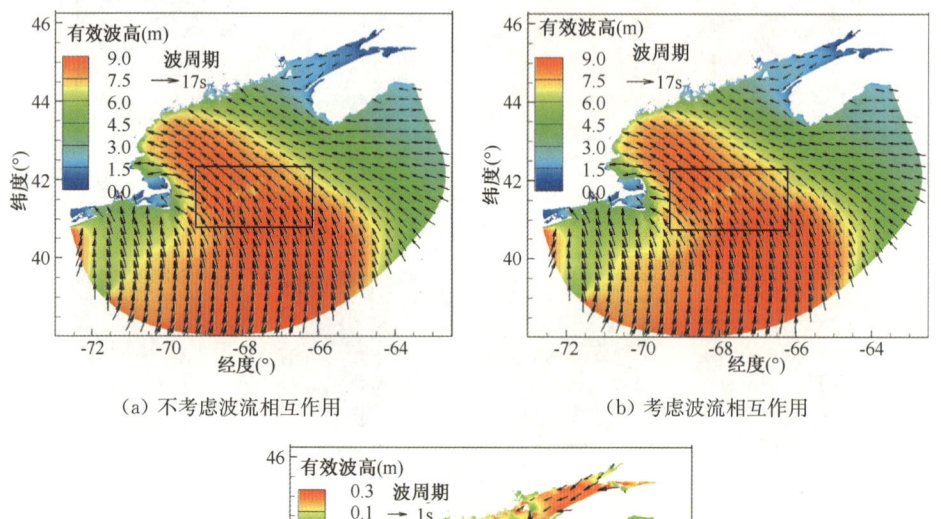

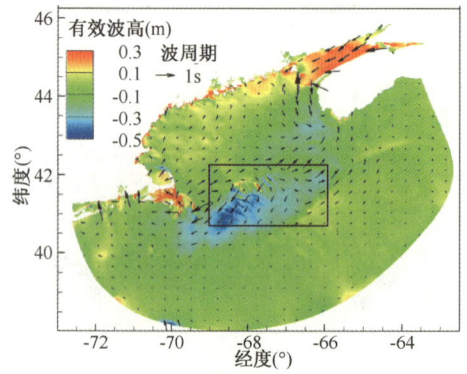

(a) 不考虑波流相互作用

(b) 考虑波流相互作用

(c) 考虑和不考虑波流相互作用的差值场

图 3.14　2007 年 4 月 16 日 1400UTC 时波浪场

为进一步分析波流相互作用对波浪的影响,本节分析了四个波浪浮标(44005、44008、44011和44018)处不同情境下二维波浪方向谱分布。其中,波浪浮标44008和44011位于乔治浅滩南侧,波浪浮标44005和44018位于缅因湾内(图3.3(a))。可以看出,水流对波浪能量在频率和方向上的重分布有重要影响。考虑波流相互作用时,波浪谱的频率分布向高频移动,这可能是由多普勒效应引起的。在波浪浮标44005处,谱峰频率处波浪能量密度保持不变,但是在波流相互作用下呈现由东向西减小、由南向北增大的趋势。在波浪浮标44008、44011和44018处,波流相互作用显著减小波浪谱峰能量密度。在乔治浅滩南侧波浪浮标44008和44011处,波浪谱峰密度减小幅度最大。在乔治浅滩,水深平均流速达1.2 m/s,且流场梯度明显,对波浪能量的方向和频率分布改变显著。

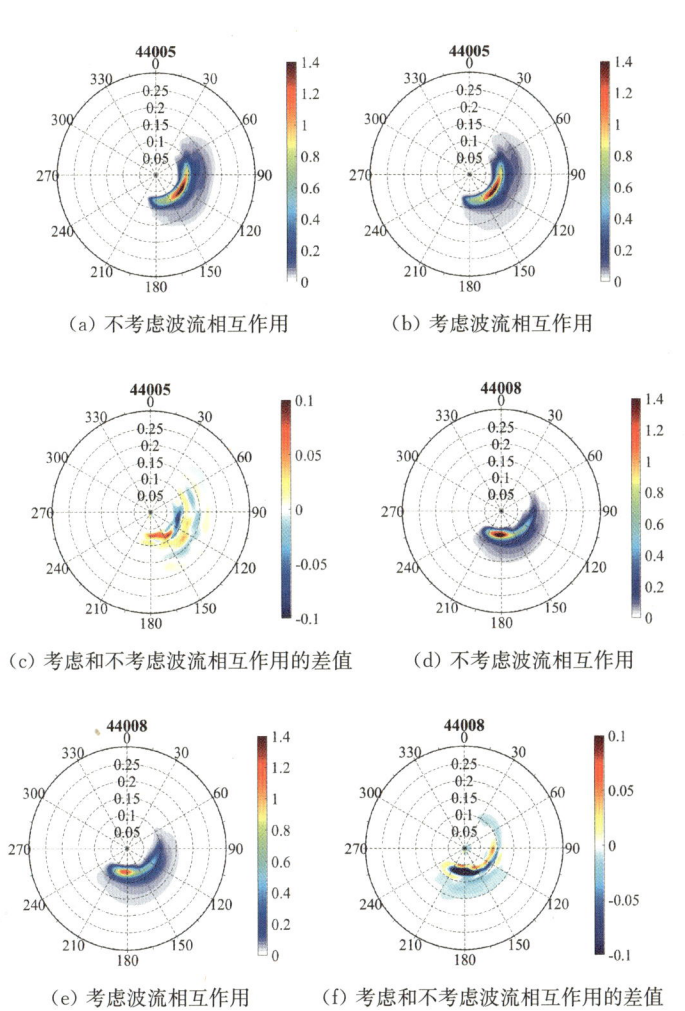

(a) 不考虑波流相互作用

(b) 考虑波流相互作用

(c) 考虑和不考虑波流相互作用的差值

(d) 不考虑波流相互作用

(e) 考虑波流相互作用

(f) 考虑和不考虑波流相互作用的差值

(g) 不考虑波流相互作用 (h) 考虑波流相互作用

(i) 考虑和不考虑波流相互作用的差值 (j) 不考虑波流相互作用

(k) 考虑波流相互作用 (l) 考虑和不考虑波流相互作用的差值

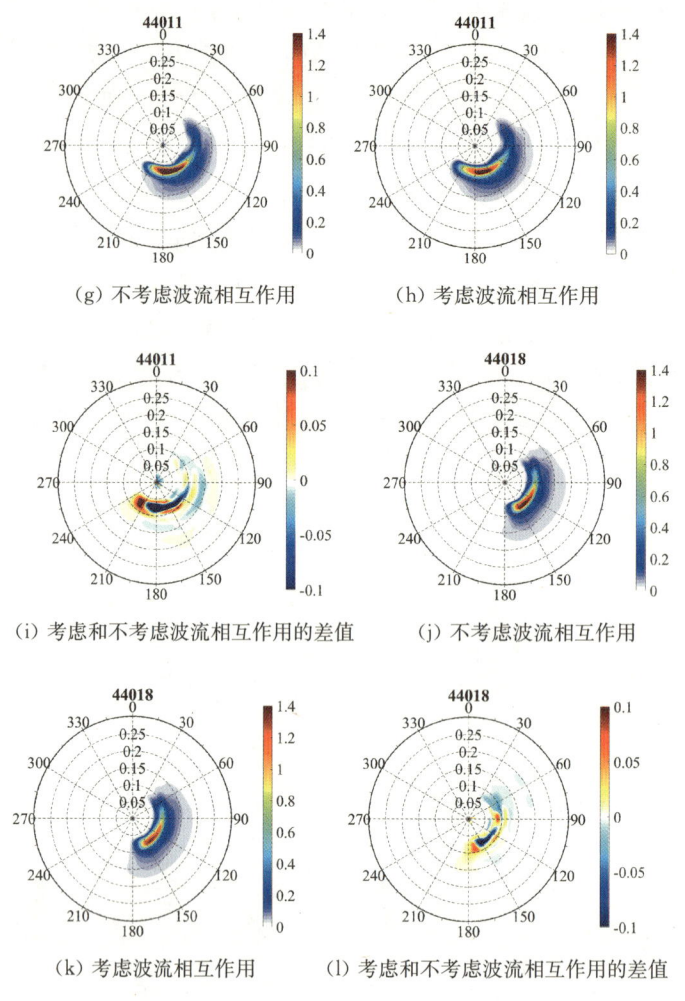

图 3.15 波浪浮标处波浪能方向谱(单位:m²/Hz)

图 3.16 为风暴峰值时刻 Saco Bay 内波流相互作用对波浪的影响示意图。在不考虑和考虑波流相互作用时,波浪在 Saco Bay 内的分布相似;但是在考虑波浪相互作用效应时,沿岸区域有效波高增大了 0.8~1.0 m。例如,在考虑波流相互作用的情况下,5 m 有效波高等值线显著向岸推进。Saco Bay 内平均潮差为 2.7 m。最大增水出现在高潮位前两小时左右。Saco Bay 内水位升高显著增加了湾内水深。在向岸方向,波浪的传播与变形与水深相关,有效波高等值线与水深等值线平行。图 3.16(c)表明,在水流的折射作用下,Saco Bay 内波浪从南北岬角向湾内轻微辐聚。

(a) 不考虑波流相互作用

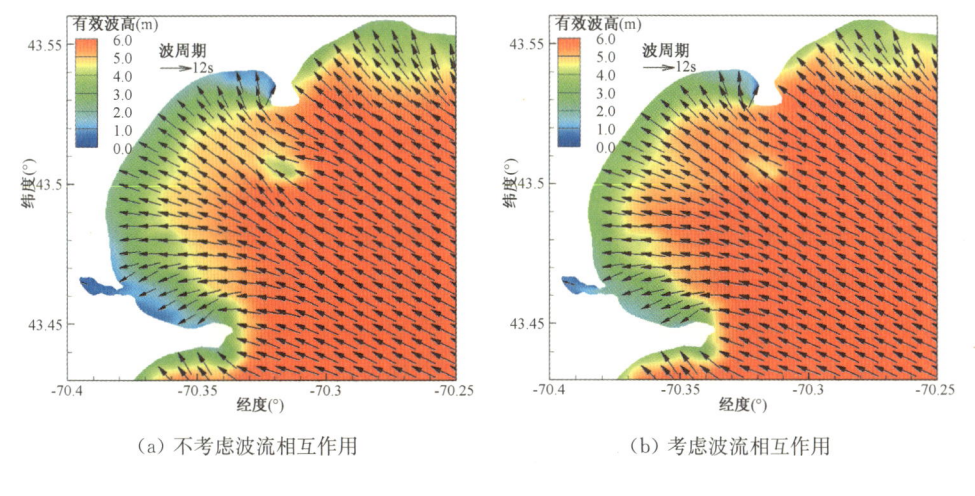

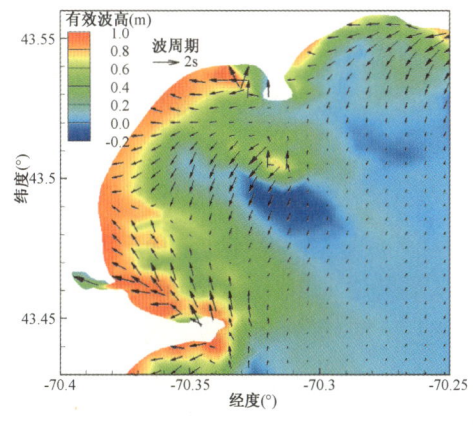

(b) 考虑波流相互作用

(c) 考虑和不考虑波流相互作用的差值场

图 3.16　2007 年 4 月 16 日 1400UTC 时 Saco Bay 内波浪场

3.5　本章小结

本章采用波流耦合模型 SWAN+ADCIRC 对风暴期间缅因湾内波流相互作用过程进行探讨。在缅因湾内,波流相互作用在乔治浅滩和沿海区域十分显著。2007 年 4 月"东北风暴"峰值时刻,乔治浅滩上风生流约为 0.2 m/s,占比水深平均流速的 17%。乔治浅滩上波生流流速较大处为水深较浅的位置,其间波浪经深海传入湾内,波浪能量经底部摩擦耗散显著,在南北跨浅滩的方向产生剩余动量流,作用于平均流场。在 Saco Bay 内,风暴期间波生流起主导作用,幅值达 1.0 m/s,与以往研究结果一致。在 Saco Bay 内,受到地形与岸线的约束,风暴期间形成两个顺时针方向的波生流。波浪传播至 Saco Bay 内时，波浪能量在南北岬角处辐聚、在湾内辐散，产生由南北岬角指向湾内的辐射应力梯度，驱动指向湾内的沿岸流。南北向的沿岸流在 Saco Bay 中部汇合并生成离岸流。在此之前，乔治浅滩和 Saco Bay 内波生流没有得到系统研究。

在 Saco Bay 沿岸，风暴峰值时刻增水为 0.2 m，并在 Saco River 河口处达到最大值。波浪增水和波生流受到天文潮的调节。在包含风暴峰值的潮周期内，波浪增水随潮位升高而增加，并在高潮位达到最大值。顺时针方向的环流在高潮位时也得到增强。在海岸处，波浪变形主要受地形控制。在高潮位时，波高梯度达到最大，与岸线方向垂直的波浪辐射应力梯度也达到最大值，因此，生成最大波浪增水。

在乔治浅滩和 Saco Bay 两处，考虑波流相互作用可以显著提高模型模拟精度。在乔治浅滩，水流的折射效应导致有效波高减小了 0.3～0.5 m。在 Saco Bay 内，有效波高受天文潮调节，波高随天文潮位的升高而增大。在缅因湾内四个波浪浮标处，波流相互作用导致二维波浪谱的频率分布向高频移动，但是水流对波浪谱的方向分布影响甚微。

在波流耦合模型 SWAN+ADCIRC 中，ADCIRC 计算水位和水深平均流速并将其传递给 SWAN，SWAN 计算辐射应力梯度并将其传递给 ADCIRC(Dietrich et al.，2011)。本章采用 Longuet-Higgins 等(1962,1964)提出的二维辐射应力公式进行辐射应力计算，可知辐射应力与波高平方成正比。水流对辐射应力的响应随水深的减小而增大(Longuet-Higgins et al.，1962)。由于辐射应力梯度在波高剧烈变化区域较为显著，其对深海处平均流场和水位的影响可以忽略不计。在深海中，二维辐射应力模型的准确度不够，需要采用基于水深的三维辐射应力模型(Mellor,2005)对波流相互作用过程进行合理概化。

第 4 章

海岸淹没一体化模型

4.1 背景介绍

　　风暴期间水位抬升并伴随着大浪,导致沿海低洼地区海岸淹没风险加剧(Kirshen et al. ,2008)。海岸淹没在以下三种情境下有可能发生:(1) 水位超过天然屏障或者海岸防护的顶部高程;(2) 波浪越过天然屏障或者海岸防护的顶部;(3) 水流通过天然屏障或者海岸防护缺口进入后方区域。根据美国国家海洋和大气管理局发布的美国十亿美元级天气和气候灾害报告,1980—2017 年间,美国海岸区域主要风暴过程中风暴潮(含近岸浪)累积造成经济损失超过 7 000 亿美元(https://www.ncdc.noaa.gov/billions/)。在海平面上升和风暴强度增加的共同作用下,海岸淹没风险将进一步增大(Nicholls,2002; Kirshen et al. ,2008; Emanuel,2013; Roberts et al. ,2017)。在温室气体排放由低至高的假设情境下,预计到 2100 年,全球平均海平面将上升 0.3~1.0 m(IPCC,2013)。Nicholls(2002)明确了海平面上升将显著增强海岸洪水和淹没。Kirshen 等(2008)的研究结果表明,到 2050 年,在温室气体低排放情境下,美国东北部沿海地区现行百年一遇强度的风暴增水预计将变为 70 年一遇;在温室气体高排放情境下,则预计将变为 30 年一遇。在受风暴潮影响显著的区域,如马萨诸塞州的波士顿地区,现行百年一遇强度的风暴增水到 2050 年可能平均每 8~30 年就会出现一次(Kirshen et al. ,2008)。

　　在美国东北部沿海,多种海岸防护措施,如海堤、护岸、丁坝和防波堤等并存,用于防御海岸洪水和侵蚀。如马萨诸塞州岸线共 1 770 km,约有 586 km 的岸线受海岸工程保护,其中大约 360 km(约 20%的岸线长度)受海堤保护。在风暴季节,海堤处越浪频发。严重的风暴灾害导致海堤结构失效,沿海地区发生重大洪水灾害时见报道(MADCR,2009;MACZM,2013a)。预计到 2100 年,马萨诸塞州沿海海平面将上升 0.25~2.08 m(MACZM,2013b)。例如,近年受海岸洪水灾害影响严重的 Scituate 沿海区域,正在计划将海堤堤顶抬高 0.60 m,以预防气候变化背景下的海岸洪水灾害(MACZM,2016)。构建风暴过程中水位和波浪的预测方法,可以为评估海岸防护应对未来风暴的功能提供依据,为海岸防护的适应性调整提供指导。

在气候变化背景下,海平面上升和风暴强度增加,需要加强海岸规划和风险管理,以促进海岸区域的适应和恢复能力(Kirshen et al.,2008;National Research Council,2009)。在过去的十年里,沿海淹没模型快速发展,在海岸洪水风险评估中得到广泛应用(Bates et al.,2005;Bunya et al.,2010;Dietrich et al.,2010;Chen et al.,2013;Zou et al.,2013;Gallien et al.,2014;Orton et al.,2015;Gallien,2016)。但是,目前大多数海岸淹没研究没有考虑海岸堤防的越浪风险(Bates et al.,2005;Bunya et al.,2010;Dietrich et al.,2010;Chen et al.,2013)。最近,开始有学者使用数值模型对越浪导致的海岸洪水进行模拟(Zou et al.,2013;Gallien et al.,2014;Gallien,2016),但是缺乏现场观测数据对模型结果进行验证。

在由越浪造成的海岸淹没方面,一体化的"大气-海洋-海岸"模型研究非常有限(Zou et al.,2013)。一体化"大气-海洋-海岸"的淹没模型需要解析从海盆到破波带内不同时空尺度的物理过程,如波流相互作用和波浪破碎。目前,已有许多研究聚焦波流相互作用过程对浪、潮、流的影响(Cavaleri et al.,2007;Wolf,2009;Dodet et al.,2013;Chen et al.,2015;Xie et al.,2016;Zou et al.,2016)。在海洋表面,波浪通过改变海洋表面粗糙度对风应力进行修正(Janssen,1991;Donelan,1993;Taylor et al.,2001;Drennan et al.,2003;Powell et al.,2003)。目前已有研究将波浪对海表面粗糙度的影响纳入风暴潮模拟的范畴(Brown et al.,2009;Bertin et al.,2012)。与此同时,波浪非线性引起的斯托克斯漂移(Jenkins,1987b)和波浪辐射应力(Longuet-Higgins et al.,1962,1964;Mellor,2005;Zou et al.,2006;Ardhuin et al.,2008)会改变平均流场。平均流所经历的底摩擦在波浪存在时也被修正(Grant et al.,1979;Zou,2004)。另外,波浪也会修正底摩擦应力(Grant et al.,1979;Zou,2004)。

反之,水流也会对波浪生成(Ardhuin et al.,2012)、耗散(Ardhuin et al.,2012;van der Westhuysen,2012)和传播变形(Komen et al.,1994)等过程产生

影响。在浅水区域,波流相互作用增强。波浪辐射应力及其水平梯度(Longuet-Higgins et al.,1962,1964)作用通过:(1) 生成波浪增水和减水,影响水位和水流;(2) 波浪斜向入射,生成沿岸流(Bowen,1969;Longuet-Higgins,1970)。波浪的传播变形与水深紧密相关,水位的变化会对波浪的传播和折射产生影响。同时,水流的存在也会导致波浪折射和频率偏移(Komen et al.,1994)。

在破波带内,相位平均的波浪谱模型,如 SWAN((Booij et al.,1999;Ris et al.,1999)无法模拟复杂的波浪破碎过程。目前常用破波带内波浪传播与变形的方法包括:(1) 能量通量平衡模型(Goda,1975;Thornton et al.,1983;Battjes et al.,1985)。(2) Boussinesq 波浪模型(Wei et al.,1995;Kennedy et al.,2000;Chen et al.,2000;Shi et al.,2012)。(3) 非线性浅水波浪模型(Zijlema et al.,2005,2008;Zijlema et al.,2011;Smit et al.,2013)。(4) 基于雷诺平均的 Navier-Stokes 方程与自由表面捕捉技术相结合的复杂模型(Lin et al.,1998,Dalrymple et al.,2006;Wang et al.,2009,Higuera et al.,2013)。通过引入若干假设,能量通量平衡模型形式简单,易于操作,应用范围广(Thornton et al.,1983)。

用于波浪越浪模拟的方法包括:(1) 基于大量物模试验结果的经验公式(Hedges et al.,1998;EurOtop,2016)。(2) 神经网络(van Gent et al.,2007;Verhaeghe et al.,2008)。(3) 基于非线性浅水波浪方程的数值模型(Hu et al.,2000)。(4) Boussinesq 模型(Lynett et al.,2010;McCabe et al.,2013)。(5) 基于雷诺平均 Navier-Stokes 方程的 RANS-VOF 模型(Lara et al.,2006;Losada et al.,2008;Reeve et al.,2008;Peng et al.,2011;Zou et al.,2011)。虽然基于过程的 RANS-VOF 模型可以合理考虑复杂的岸线形态,但是该类模型计算量大,且参数设置复杂。基于物模试验结果的经验模型简单实用,在波浪越浪量化计算上得到广泛应用(EurOtop,2016)。

目前,在美国沿海,对波浪越浪导致的海岸淹没研究较为缺乏。Zou 等(2013)采用一体化的"气象-区域水动力-破波带水动力"模型评估英国沿海波浪越浪造成的海岸洪水风险,结果表明,集合化的模型框架可以有效量化模拟结果的不确定性。Gallien 等(2014)和 Gallien(2016)结合基于浅水波浪方程的水动力模型、越浪模型和排水模型,对加州沿海区域两场风暴引起的海岸洪水过程进行探讨。该两项研究结果表明,一体化的水动力模型通过推求瞬态条件下的海岸洪水和水流路径,可以为海岸洪水预测提供较高精度。本章的主要目标是建立一体化的"大气-海洋-海岸"模型,用于准确预测波浪越浪导致的海岸洪水过程,为海岸规划和海岸工程设计提供参考。鉴于此,本章采用 Zou 等(2013)建立的模型框架,在 Xie 等(2016)和 Zou 等(2016)前期验证的基础上,对 Zou 等

(2013)的模型框架进行拓展。将波流耦合模型、破波带波浪模型、越浪模型和排水模型进行耦合链接,构建一体化的"大气-海洋-海岸"模型,预测海堤处越浪引起的海岸洪水,并采用 2015 年 1 月北美风暴期间马萨诸塞州斯基尤特 Avenues Basin 内实测水位对模型进行验证。

本章共有 7 个小节。4.2 节为研究区域与实测资料描述;4.3 节介绍模型框架和模拟方法;4.4 节介绍模型构架和参数设置;4.5 节讨论波流耦合模型结果;4.6 节分析和讨论波浪越浪模拟结果;4.7 节为本章小结。

4.2 研究区域与现场观测

4.2.1 研究区域

马萨诸塞州斯基尤特位于波士顿东南约 40 km 处,海岸线长约 94.5 km[图 4.1(a)]。在冬季风暴期间,斯基尤特沿海地区频繁受到缅因湾内东北风生成的大浪的影响。为应对大浪对海岸区域造成的危险,目前斯基尤特沿海已建成覆盖 32 km 岸线的海岸工程结构体系,包括混凝土海堤、石砌海堤、护岸、沙丘和堆石防波堤。Avenues Basin 位于斯基尤特北部[图 4.1(a)],风暴期间沿海海堤处波浪越浪频发,超过当地排水系统承载能力,从而引发严重的海岸洪水灾害。Avenues Basin 主要通过一条直径为 0.9 m 的出水管,将内部洪水排入海内[图 4.1(b)]。排水管在向海侧设有翻板闸门,以防止海水在涨潮期间进入排水系统。虽然 Avenues Basin 可以视为一个封闭系统,但是一旦水位超过当地平均海平面 4.36 m,水体便通过 Avenues Basin 东南角的通道流出,如图 4.1(b)中蓝色箭头所示。Avenues Basin 沿海海堤堤顶高程为当地平均海平面以上 5.0 m。

(a) 马萨诸塞州斯基尤特区位图 (b) Avenues Basin 位置图

紫色圆圈代表水位高度计位置;红色三角形代表排水管位置;蓝色箭头代表水位达 4.36 m 后水流流出方向;S1 至 S4 代表海堤横断面位置。

图 4.1　马萨诸塞州斯基尤特及 Avenues Basin 区位图

Avenues Basin在多次风暴过程中发生严重的海岸洪水灾害,如1978年2月"东北风暴"(1978年2月7日)、1991年10月"完美风暴"(1991年10月31日)、2010年12月"北美风暴"(2010年12月27日)、2013年2月"北美风暴"(2013年2月9日至10日)、2015年1月"北美风暴"(2015年1月27日)和2016年1月"北美风暴"(2016年1月27日)。

4.2.2 风暴介绍

2015年1月"北美风暴"是2015年1月底席卷美国东北部沿海的一场强温带风暴过程,观测到最中心气压为970 hPa,最高阵风达42.5 m/s。1月27日至28日,风暴从美国东海岸中部向东北方向移动至加拿大东海岸,如图4.2(a)所示。在整个风暴过程中,缅因湾内均为东北向来风。一方面,风暴过程中,由于空气温度低于海表温度,海表边界层变得更加不稳定,导致海表风速更高;另一方面,风暴区域北部存在一个强高压系统[图4.2(b)],两个气压系统的相互作用增强了缅因湾内压力梯度,在缅因湾内产生强风区。同时,高压系统的存在也阻碍了风暴的推进,导致强风区持续时间较长。东北向强风导致美国东北部沿海出现强风暴潮和大浪。据报道,马萨诸塞州多处沿海区域发生海岸洪水灾害和海岸工程结构破坏(MACZM,2016)。

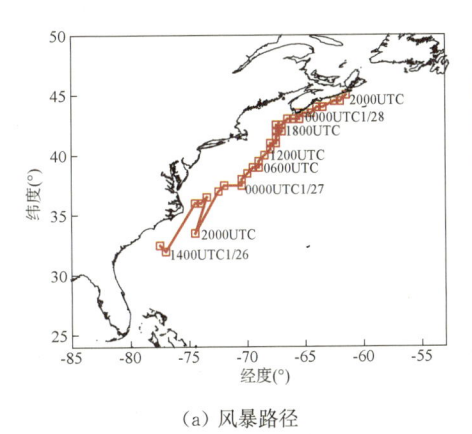

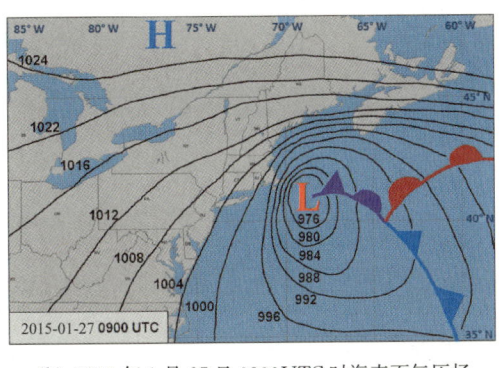

(a) 风暴路径　　　　(b) 2015年1月27日0900UTC时海表面气压场

"L"代表低压;"H"代表高压;蓝色三角实线代表冷锋;红色半圆实线代表暖锋;紫色半圆实线代表囚锢锋。

图4.2　2015年1月北美冬季风暴

4.2.3 现场观测

采用Solinst LTC Levelogger Edge对风暴期间Avenues Basin内的水位、

温度进行测量。Solinst LTC Levelogger Edge 结合了数据记录仪、Hastelloy 压力传感器、温度探测器和电导率传感器。在风暴前,将 Solinst LTC Levelogger Edge 安装在 Avenues Basin 内,以 6 min 的时间间隔记录风暴期间 Avenues Basin 内的水位,与最近的水位测站波士顿港采集水位数据的时间间隔一致。由于 Solinst LTC Levelogger Edge 通过记录绝对压力(包括水压力和大气压力)获取水位,观测时采用 Solinst Barologger Edge 同步记录大气压力波动,对 Solinst LTC Levelogger Edge 记录的绝对压力进行校准。结合美国地质调查局激光雷达地形数据(LIDAR)和实测水深,对 Avenues Basin 内越浪水体体积进行估算(Heidemann,2014),用于验证一体化模型的越浪模拟结果。

2015 年 1 月"北美风暴"期间,Avenues Basin 内水位记录仪记录的水位过程如图 4.3(b)所示。基于激光雷达地形数据(LIDAR),采用 ArcGIS 以 0.3048 m 高程等高线间隔计算 Avenues Basin 面积。采用 4 阶多项式曲线对 ArcGIS 采集的流域面积数据进行拟合,结合实测水位数据,获得 Avenues Basin 内越浪水体体积[图 4.3(b)]。2015 年 1 月"北美风暴"期间,水位于 1 月 27 日 10:24UTC 时达到海堤顶部,此时 Avenues Basin 内水体体积为 166,509 m³ [图 4.3(b)]。

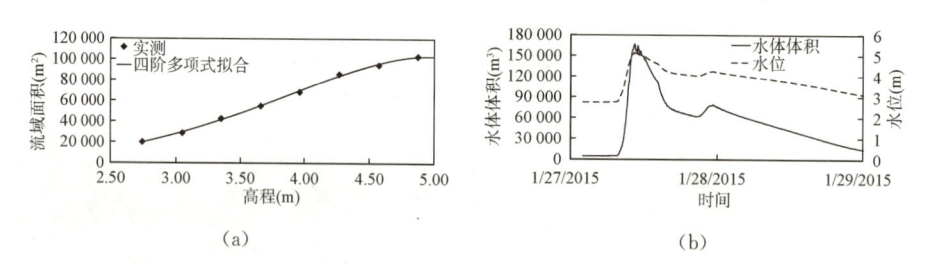

图 4.3 2015 年 1 月"北美风暴"期间 Avenues Basin 内水位、流域面积和水量过程线

2015 年 1 月"北美风暴"期间,约 449.3 m 海堤沿线发生越浪。美国地质调查局在沿海堤四个点 S1—S4[图 4.1(b)]进行现场调查,获取相应点位处海堤的堤顶和堤脚高程,结合激光雷达地形数据(LIDAR),确定 S1—S4 位置处从海堤到前滨下部的剖面。图 4.4 为 S2 位置剖面图[图 4.1(b)]。剖面由两部分组成:海堤附近的陡坡和离岸较远的缓坡。本章将陡坡视为斜坡结构,将离岸较远的缓坡视为结构前方的前滨。表 4.1 为 S1—S4 位置处剖面数据,包括堤顶高程、堤脚高程、陡坡坡度、陡坡坡脚高程和缓坡坡度。

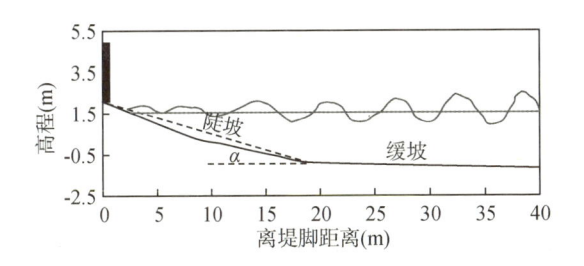

图 4.4 S2 点位处海堤至前滨下部示意图

表 4.1 马萨诸塞州斯基尤特 Avenues Basin 海堤情况

断面	堤顶高程(m)	堤脚高程(m)	陡坡坡度	陡坡坡脚高程(m)	缓坡坡度
S1	5.00	2.82	0.125	−0.87	0.021
S2	5.00	2.08	0.154	−0.87	0.021
S3	5.00	1.19	0.113	−0.87	0.036
S4	5.00	2.74	0.148	0.04	0.032

4.3 研究方法

目前,海岸洪水模拟主要面临五个方面的挑战:(1) 不同时空尺度物理过程的准确解析。(2) 海岸环境(自然屏障、海堤)的几何复杂性。(3) 水动力-地形非线性作用。(4) 模型验证实测资料的缺乏。(5) 气象驱动条件在海岸洪水风险预测中的不确定性传递(Du et al.,2010;Gallien et al.,2014;Zou et al.,2013)。本章开发了集成的"气象-海洋-海岸"多尺度模型框架,用于探讨天文潮、风暴增水和波浪对美国东北部沿海海岸淹没的影响(图 4.5)。本章中的一体化模型系统由四个部分组成:(1) 从海洋到近岸区域的天文潮、风暴增水和波浪耦合水动力模型 SWAN+ADCIRC(Dietrich et al.,2011,2012);(2) 破波带波浪模型(Goda,1975,2009);(3) 波浪越浪模型(EurOtop,2016);(4) 估算海堤后出流量的排水模型(Henderson,1966)。天文潮、风暴增水和波浪耦合模型经气象和天文潮调和常数驱动,推算近岸水动力。波浪越浪模型在计算越浪量时,需要输入海堤堤脚处的波高和周期。天文潮、风暴增水和波浪耦合模型在研究区域的最高网格分辨率为 60 m,不能求解海堤堤脚处波浪参数。同时,基于相位平均的波浪谱模型 SWAN 不能正确解析破波带内波浪破碎过程。因此,需要破波带波浪模型将 SWAN 模型计算的近岸波浪传递至海堤堤脚处。在此基础上,将破波带波浪模型计算的波浪参数和海堤堤脚的水位输入波浪越浪模型中,预测波浪越浪导致的海岸洪水。

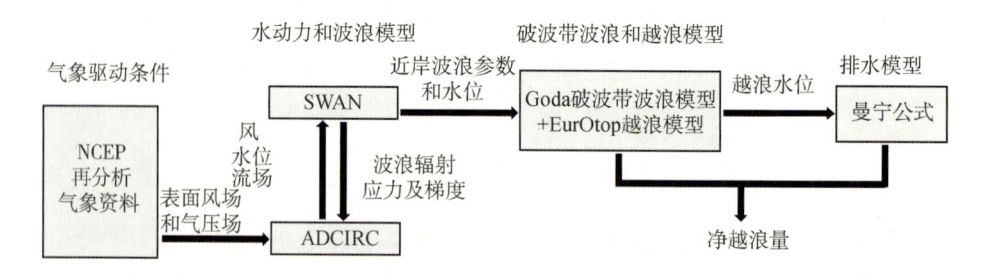

图 4.5　波浪越浪海岸淹没一体化模拟系统

4.3.1　波流耦合模型

美国东北部沿海岸线形状和地形条件复杂,导致该区域沿海水动力过程也呈现出复杂性。要实现对该区域水动力过程的准确模拟,需要解析不同时空尺度的物理过程,如从深海到河口区域的水动力过程。采用基于非结构三角网格的水动力模型 ADCIRC,对实现该区域不同时空尺度水动力过程的准确模拟具有优势。ADCIRC 模型由 Luettich 等(2004)开发,本研究采用基于水深积分的二维模式 ADCIRC-2DDI。为简便起见,以下统一称 ADCIRC-2DDI 为 AD-CIRC。ADCIRC(Luettich et al.,2004)采用 Galerkin 有限元算法(Dawson et al.,2006),在非结构三角网格上求解水深积分二维浅水方程。沿水深积分的二维浅水方程耦合了计算水位的双曲连续方程和计算水深平均流速的动量方程。ADCIRC 模型采用非结构化三角网格,可以灵活解决复杂岸线和地形条件,同时兼顾求解从深海到海岸多尺度水动力过程的计算效率。ADCIRC 包含稳定的干湿边界算法,可以预测水位上升和下降时干湿边界的位置。目前,ADCIRC 在预测沿海洪水方面得到广泛应用。

第三代波浪谱模型 SWAN 通过设定风、海底地形、水位和水流条件,求解波作用平衡方程,获取随机风生浪和涌浪波浪谱(Booij et al.,1999;Ris et al.,1999)。SWAN 模型对浅水波浪过程,包括三相波相互作用、波浪破碎和底摩阻耗散进行合理解析,适用于海岸区域波浪谱模拟。Zijlema(2010)采用基于顶点的全隐差分格式对 SWAN 原始代码进行重新编写,将 SWAN 模型的运用拓展到非结构网格的范畴。基于非结构网格的 SWAN 模型可以直接解析从深海到海岸的多时空尺度波浪过程,避免使用传统的多级网格嵌套方法。目前,SWAN

模型在近岸区域波浪的模拟方面得到广泛应用,但是对破波带以内波浪的模拟并不准确。

Dietrich 等(2011,2012)对 SWAN 模型和 ADCIRC 模型进行耦合。耦合模型采用相同的非结构三角网格,可以实现 SWAN 和 ADCIRC 模型间无缝信息交换。在实际应用中,ADCIRC 首先对输入气象条件进行插值处理,将海表面 10 m 高度处的风速和海平面气压插值到非结构网格的节点上,求解广义波连续性方程,获取水位和水深平均流速。在此基础上,ADCIRC 将非结构网格节点上的风应力、水位和流速传递给 SWAN。SWAN 求解波浪作用平衡方程,并在频谱范围内积分获取波浪辐射应力,随后将其传递给 ADCIRC,基于水深积分的动量方程重新计算水位和流速。ADCIRC 运行的时间步长通常小于 SWAN 的时间步长。在进行双向耦合时,ADCIRC 模型与 SWAN 模型间信息交换时间间隔与 SWAN 模型时间步长相同。

4.3.2 破波带波浪模型

本章采用 Goda(1975,2009)破波带波浪模型模拟破波带内波浪传递过程。Goda(1975)对随机波浪破碎试验资料进行整编,提出破波带内波浪传播的经验公式。在 Goda 破波带波浪模型中,波浪破碎指标(破浪破碎时波高与水深的比值)与底床坡度和相对水深相关,具体表达式如下:

$$\frac{H_b}{h_b} = \frac{A}{h_b/L_0}\left\{1 - \exp\left[\frac{\pi h_b}{L_0}(1 + 15\tan^{4/3}\theta)\right]\right\} \quad (4.1)$$

式中:H_b 和 h_b 分别为波浪破碎时波高和水深;L_0 为与波浪谱平均周期对应的深水波波长;$\tan\theta$ 为底床坡度。当应用于不规则波时,Goda 破波带波浪模型假定不规则波符合瑞利分布,将经验常数 A 的上限和下限分别取值为 0.18 和 0.12,作为瑞利分布概率密度函数的上限和下限值。

估算岸线处有效波高的公式如下:

$$H_{1/3} = \begin{cases} K_s H'_0, & h/L_0 \geqslant 0.2 \\ \min\{(\beta_0 H'_0 + \beta_1 h), \beta_{\max} H'_0, K_s H'_0\}, & h/L_0 < 0.2 \end{cases} \quad (4.2)$$

式中:K_s 为波浪浅水系数,采用线性波浪浅水变形理论进行计算(Dean et al.,1984);H'_0 为考虑波浪折射的等效深水有效波高;h 为水深;三个经验参数的计算公式如下:

$$\left.\begin{aligned}&\beta_0=0.028(H'_0/L_0)^{-0.38}\exp[20\tan^{1.5}\theta]\\&\beta_1=0.52\exp[4.2\tan\theta]\\&\beta_{\max}=\max\{0.92,0.32(H'_0/L_0)^{-0.29}\exp[2.4\tan\theta]\}\end{aligned}\right\} \quad (4.3)$$

Goda 破波带波浪模型(Goda，1975,2009)合理概化了破波带内波浪动力过程，如波浪增水和碎波拍对破波波高的影响。受其基本假定的限制，Goda 破波带波浪模型仅适用于均匀斜坡底床上单向随机波的传播，且在底床坡度为 1/200～1/10 的范围内能得到较为合理的结果。

4.3.3 波浪越浪模型

本章采用 EurOtop(2016)波浪越浪经验模型模拟风暴期间波浪越浪结果。将竖直海堤和堤前陡坡作为整体结构处理，把海堤视作坡面挡浪墙。采用 EurOtop(2016)经验模型计算单位宽度内波浪越浪量。基于 EurOtop(2016)越浪经验模型，无量纲的波浪越浪计算如下。

(1) 当挡浪墙墙脚处于淹没状态时：

$$\frac{q}{\sqrt{g \cdot H_{m0}^3}}=\frac{0.023}{\sqrt{\tan\alpha}}\gamma_b \cdot \xi_{m-1,0} \cdot \exp\left[-\left(2.7\frac{R_c}{\xi_{m-1,0} \cdot H_{m0} \cdot \gamma_b \cdot \gamma_f \cdot \gamma_\beta \cdot \gamma_v}\right)^{1.3}\right] \quad (4.4)$$

$$\text{最大值为}\frac{q}{\sqrt{g \cdot H_{m0}^3}}=0.09 \cdot \exp\left[-\left(1.5\frac{R_c}{H_{m0} \cdot \gamma_f \cdot \gamma_\beta \cdot \gamma^*}\right)^{1.3}\right] \quad (4.5)$$

(2) 当挡浪墙墙脚出露时：

$$\frac{q}{\sqrt{g \cdot H_{m0}^3}}=0.09\exp\left[-\left(1.5\frac{R_c}{H_{m0} \cdot \gamma^*}\right)^{1.3}\right] \quad (4.6)$$

$$\gamma^*=\gamma_v=\exp\left(-0.56\frac{h_{wall}}{R_c}\right) \quad (4.7)$$

式中：q 为平均越浪量；H_{m0} 为斜坡坡脚处入射波波高（在本书中，如不作另外说明，H_{m0} 均指海堤前斜坡坡脚处有效波高）；$\tan\alpha$ 为海堤前斜坡的特征坡度；$\xi_{m-1,0}$ 为破波参数；R_c 为干舷高度；γ_b 为护坡影响因子；γ_f 为坡面粗糙度影响因子；γ_β 为波浪斜向入射影响因子；γ_v 为挡浪墙影响因子；h_{wall} 为挡浪墙高度。

当挡浪墙趾部处于淹没状态时，计算时将挡浪墙视作相对干舷高度不变的 1∶1 斜坡。采用迭代算法确定整体结构的平均坡度。EurOtop(2016)越浪经验模型的详细使用步骤见附录。

4.3.4 排水模型

如本章 4.2.1 节所述，经由波浪越浪进入 Avenues Basin 内的水体通过该流域东南角的排水管道和滨海道路排出。当在冬季风暴期间发生严重的越浪事件时，排水管道受到冰、雪和其他杂物的阻塞，排出水体流量受到限制。此时，Avenues Basin 内水体主要经由滨海道路排出。

采用明渠流量计算曼宁公式（Henderson，1966）估算滨海道路排出的水体流量。曼宁公式广泛应用于明渠中稳定的均匀流计算，表达式如下：

$$V = \frac{1}{n} R^{2/3} S_f^{1/2} \tag{4.8}$$

式中：V 为流速；n 为曼宁糙率系数；R 为明渠水力半径；S_f 为摩擦坡度。对均匀流而言，可以采用明渠底坡 S_0 替代摩擦坡度 S_f。

4.4 模型构建

4.4.1 模型范围与地形

海岸水动力的准确模拟建立在合理解析从海盆到河口的多时空尺度物理过程基础上（Bunya et al.，2010；Warner et al.，2008；Zhang et al.，2008）。在构建风暴潮模型时，需要考虑三个重要因素：(1) 模型网格对地形和岸线特征的准确描述；(2) 适当的边界条件；(3) 模型域内共振模式的合理反演（Blain et al.，1994）。为了合理反演模型域内物理过程以及简化边界条件，一般要求模型域尽量覆盖较大范围（Blain et al.，1994；Westerink et al.，1994），但是可能会导致计算量较大，计算效率不高。

非结构化网格可以在容纳大范围水动力和波浪模型的基础上，对水深较浅、水深梯度较大以及岸线形态复杂的区域，通过局部网格加密，提高模型的模拟精度（Hagen et al.，2001）。鉴于此，尽管本研究聚焦美国东北部沿海的风暴潮和波浪过程，在模型构建时仍然采用覆盖整个东部沿海的模型范围。一方面，扩大模型覆盖范围可以有效减少边界条件对模拟结果的影响；另一方面，在水深、岸线变化剧烈的区域，提高模型网格的分辨率，可以提高模型模拟精度（Blain et al.，1994；Westerink et al.，1994；Westerink et al.，2008）。本章研究目前采用的模型域（图 4.6）是在美国东海岸模型（Blain et al.，1994；Westerink et al.，

1994)和缅因湾模型(Yang et al.,2007；Xie et al.,2016；Zou et al.,2016)的基础上演化而来的。模型域覆盖了北大西洋西部、加勒比海、墨西哥湾和缅因湾。与美国东海岸模型区域相比，本研究将模型开边界向东移动到西经 56°，拓展增水和波浪生成的风区长度。同时，由于开边界主要位于深海区，边界处非线性过程的影响可以忽略。

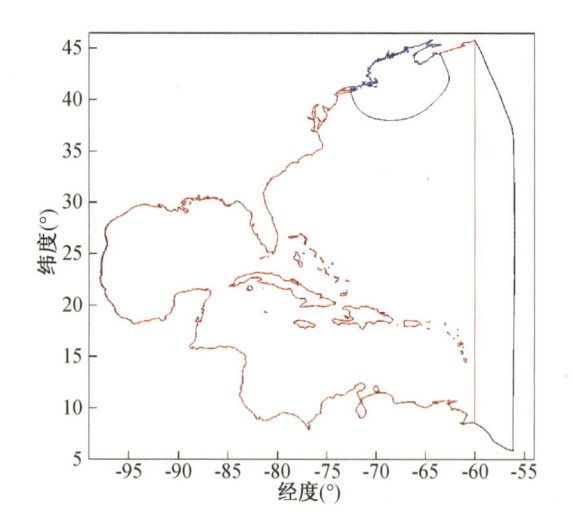

黑色实线代表本研究采用的模型区域；红色实线代表 Blain 等(1994)采用的模型区域；蓝色实线代表 Yang 等 (2008)、Xie 等(2016)、Zou 等(2016)采用的缅因湾模型区域。

图 4.6　不同波浪和风暴潮模拟模型范围比较

模型域内水深数据由四个数据集构成：(1) 美国国家海洋和大气管理局(NOAA)国家地球物理数据中心(NGDC) ETOPO1 的 1 弧分全球地形数据(Amante et al.,2009)；(2) 缅因湾 3 弧秒数字高程地形数据(Twomey et al.,2013)；(3) 缅因州波特兰 1/3 弧秒数字高程地形数据(Lim et al.,2009)；(4) 美国地质调查局缅因州南部 1/9 弧秒数字高程地形数据(https://viewer.nationalmap.gov/viewer/)。采用 NOAA VDatum 软件(http://vdatum.noaa.gov)上述四个数据集的地形数据的基准面统一为平均海平面。模型域内水深、波浪浮标和水位测站位置见图 4.7。图 4.7(b)中波浪浮标和水位测站的具体信息分别列于表 4.2 和表 4.3 中。

(a) 美国东部沿海水深

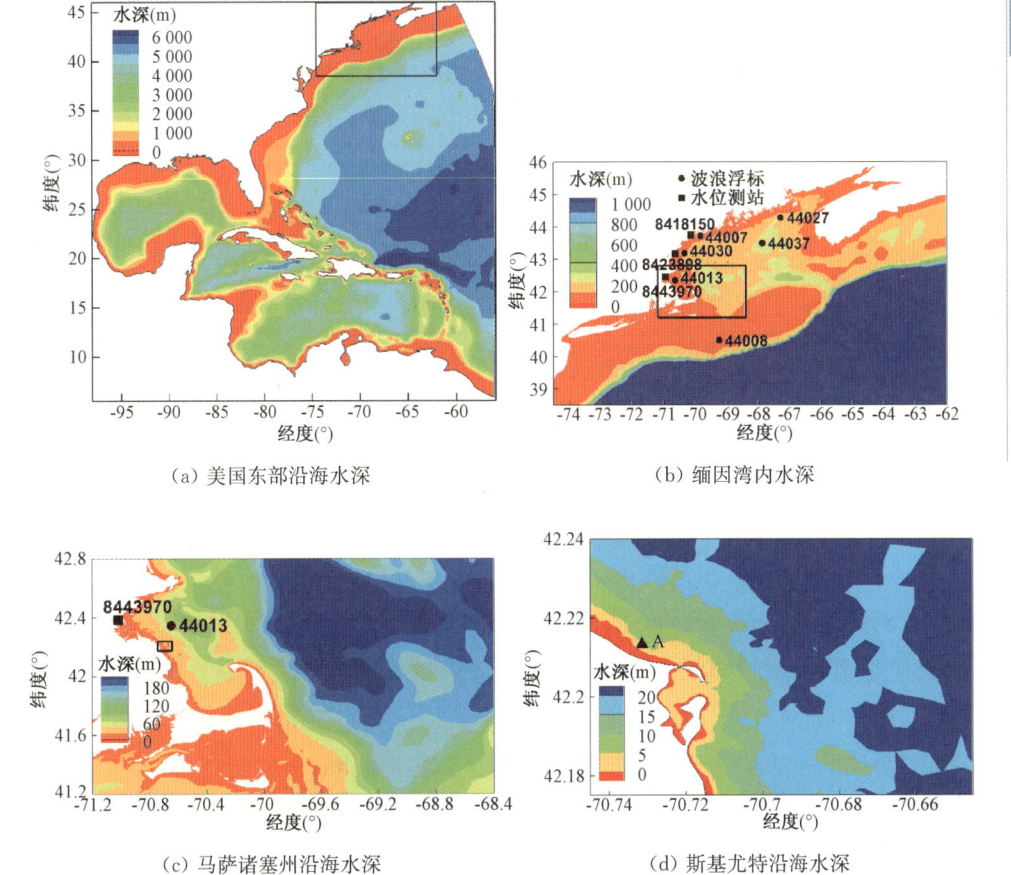

(b) 缅因湾内水深

(c) 马萨诸塞州沿海水深

(d) 斯基尤特沿海水深

图 4.7 模型范围内水深情况

表 4.2 缅因湾内波浪浮标列表

波浪浮标编号	浮标位置	水深(m)
44007	缅因州波特兰市东南	26.5
44008	马萨诸塞州 Nantucket 岛东南	66.4
44013	马萨诸塞州波斯顿市以东	64.5
44027	缅因州 Jonesport 东南	178.6
44030	缅因湾西陆架	62.0
44037	Jordan 海盆	285.0

表 4.3　缅因湾内水位测站列表

水位测站	位置	水深(m)
8418150	缅因州波特兰	11.5
8423898	新罕布什尔 Fort Point	3.0
8443970	马萨诸塞州波斯顿	5.0

模型非结构三角网格由 245 838 个节点和 463 593 个三角单元组成。在每个节点处，通过数值方法计算获取水位、流速和波浪谱。模型网格分辨率范围从深海处 100 km 到海岸处 10 m。在兼顾计算效率的情况下，为海岸潮汐、增水和波浪模拟提供足够的分辨率。在本研究关注区域，网格分辨率为 60～100 m。

4.4.2　海表面风场与气压场

为提高风暴增水和波浪模拟的准确性，首先对 2015 年 1 月"北美风暴"过程中两个气象数据集的海表面风速和海平面气压进行对比分析，分别为 NCEP 气候预报系统第 2 版气象数据集(CFSv2)(Saha et al.,2014)和 NCEP 北美区域再分析气象数据集(NARR)(Mesinger et al.,2006)。CFSv2 数据库是准全球的大气-海洋-陆地-海冰耦合数据库，由两个数据同化系统和两个预报模型组成。其中，数据同化系统为模型模拟提供大气、陆地表面和海洋的初始条件。CFSv2 数据库覆盖全球，网格分辨率为 0.5°，每小时输出一次大气特征参数。NARR 数据集通过结合气象预报模型、数据同化系统和全球再分析系统，为北美区域提供长期的高分辨率大气和陆地表面水文数据集。目前，NARR 数据集在 32 km (约 0.3°)的网格上，每 3 小时输出覆盖美国大陆区域的风和气压数据。

分别采用 CFSv2 和 NARR 气象数据集进行 2015 年 1 月"北美风暴"期间风暴增水和波浪模拟。结果对比分析表明，基于 CFSv2 数据集的模拟结果优于 NARR 数据集。尽管 NARR 数据集的空间分辨率比 CFSv2 数据集高，但 NARR 数据集着重优化陆地降水预测结果，而非提高海表风速和气压的准确性。Zou 等(2013)发现，增加空间分辨率并不能显著提高开放海域表面风和气压预测结果的准确性和可靠性。此外，CFSv2 数据集每小时输出气象参数，比 NARR 数据集的每 3 小时输出结果更能准确地反映出风暴的演变过程。

本章仅展示 CFSv2 气象数据驱动下的模型模拟结果。ADCIRC 模型的驱动气象条件为海表面 10 m 高度处风速和海平面气压；SWAN 模型需要输入海表面 10 m 高度处的风速作为波浪谱模拟的前提。

4.4.3 边界条件

边界条件的选择可能会显著影响模型域内模拟结果。为了准确预测天文潮、风暴增水和波浪,需要合理给定边界条件。由于本研究采用的 SWAN＋ADCIRC 耦合模型边界主要位于深海区域,可以忽略浅水非线性过程对潮汐的影响。在深海区域,风暴增水响应主要为反气压效应,可以采用压力公式计算。一般而言,气压每下降 100 Pa,海平面上升 0.01 m。在 2015 年 1 月"北美风暴"期间,由反气压效应引起的边界风暴增水可以忽略不计。风暴增水显著时,风暴路径紧沿美国东海岸,因此 Scotian 陆架附近侧边界处风暴增水也可以忽略。此外,模型域外生成的波浪对模型域内波浪模拟的准确性有影响,因此需要合理添加开边界处涌浪边界条件。

为准确模拟 2015 年 1 月"北美风暴"期间水位和波浪,需要在模型开边界处合理添加潮位和波浪边界条件。采用 8 个天文潮分潮（M2、S2、N2、K2、K1、P1、O1 和 Q1）调和常数作为水位边界条件,天文潮调和常数由全球海洋潮汐模型 TPXO(Egbert et al.,1994)插值获取。构建覆盖北大西洋的波浪模型,为本章 SWAN＋ADCIRC 耦合模型提供波浪边界条件。

4.4.4 模型参数

采用 ADCIRC 二维水深积分模式模拟 2015 年 1 月"北美风暴"期间的水位和流速。采用 Garratt 拖曳力公式(Garratt,1977)计算海气拖曳力系数,最大值拖曳力系数设为 $C_d \leqslant 0.0035$。目前,Garratt(1977)的拖曳力系数公式在风暴潮模拟中仍被广泛使用(Westerink et al.,2008; Bunya et al.,2010; Dietrich et al.,2010)。底部应力采用标准二次型定律计算,其中底摩阻系数由曼宁系数计算,具体表达式如下:

$$C_f = \frac{g n^2}{\sqrt[3]{H}} \quad (4.9)$$

式中:C_f 为底摩阻系数;n 为曼宁系数;H 为水深;g 为重力加速度。其中,曼宁系数由美国地质调查局提供(Bunya et al.,2010)。在开敞海域,曼宁系数统一设为 0.025。

在模拟中,考虑有限振幅和对流等非线性过程的影响,同时启用干湿边界算法。参考 Yang 等(2008)和 Bunya 等(2010)的研究,黏性系数在海洋和陆地上分别把黏性系数设为 5 m²/s 和 50 m²/s。ADCIRC 的计算时间步长采用 0.5 s,

满足计算稳定性要求。

SWAN 模型采用与 ADCIRC 相同的非结构网格和海表面风场。预先设定波浪谱积分范围为 0.031 384～1.420 416 Hz，并按对数尺度将频率离散为 40 个单元。波浪谱在方向上按照 10°的分辨率在全圆上求解。底部摩擦采用 JONSWAP 底摩阻公式(Hasselmann et al.，1973)。风浪和涌浪的底摩阻摩擦系数均设为 0.038 $m^2 \cdot s^{-3}$(Zijlema et al.，2012)。波浪谱积分时间步长设置为 360 s。

ADCIRC 模型和 SWAN 模型耦合的时间间隔与 SWAN 模型时间步长一致。ADCIRC 模型每 360 秒将风应力、水位和流速传递给 SWAN 模型。SWAN 模型继而将辐射应力传递给 ADCIRC 模型，更新水位和流速计算结果。模型启动采用冷启动。在模型施加表面风场和气压场驱动前，首先采用双曲正切函数调制边界水位达到平衡状态。

本章开展了三种情况下的模拟试验：(1) 采用 ADCIRC 模型模拟风暴潮位和流场；(2) 采用 SWAN 模型模拟波浪；(3) 采用 SWAN+ADCIRC 耦合模型考虑波流耦合作用。

4.5 波流相互作用

4.5.1 模型验证

采用缅因湾内 3 个水位站点处的实测天文潮位对模型模拟结果进行验证，其中水位站点 8443970 离研究区域最近，位于马萨诸塞州斯基尤特西北部约 31 km 处。采用 MATLAB 调和分析工具箱 T_Tide(Pawlowicz et al.，2002)提取缅因湾内 5 个主要天文分潮(M2、S2、N2、K1 和 O1)的振幅和相位。天文潮调和分析的时间为 2014/12/16 1:00 UTC 时到 2015/2/1 0:00 UTC 时。为简便起见，采用 2014/12/16 1:00 UTC 作为相位参考。对同一时段 5 个主要天文分潮的实测及模拟振幅和相位进行比较，可知模型可以很好地反演天文潮的振幅和相位。模拟天文潮振幅的误差在 0.00～0.09 m 之间，其中占主导地位的 M2 分潮误差为 0.07～0.09 m，占比平均振幅的 5%～7%。模拟天文潮相位误差小于 11°，其中 M2 分潮误差为 8°，占比平均相位的 8%。

图 4.8 为 3 个水位站点处模拟水位与实测水位的比较。可以看出，模型计算结果略低于实测值，但是总体上与实测水位吻合良好。同时，考虑波浪作用的模拟水位略高于不考虑波浪作用的情况。在浅水区域，破浪破碎产生的辐射应力迫使海水向岸移动。垂直于岸线方向的波浪辐射应力梯度导致岸线处水位抬

升,增大水压力梯度。在风暴的峰值时刻,水位测点 8423898 和 8443970 处的波浪增水为 0.14 m,分别占风暴增水的 14% 和 11%。考虑波浪作用时,模型模拟结果的准确性显著提高。1 月 28 日后,模拟增水整体略低于实测增水。导致这一结果的可能原因是边界条件的影响。当风暴路径靠近模型边界时,开边界处风和气压异常导致的水位波动较为重要。当前模型并未考虑这一效应。

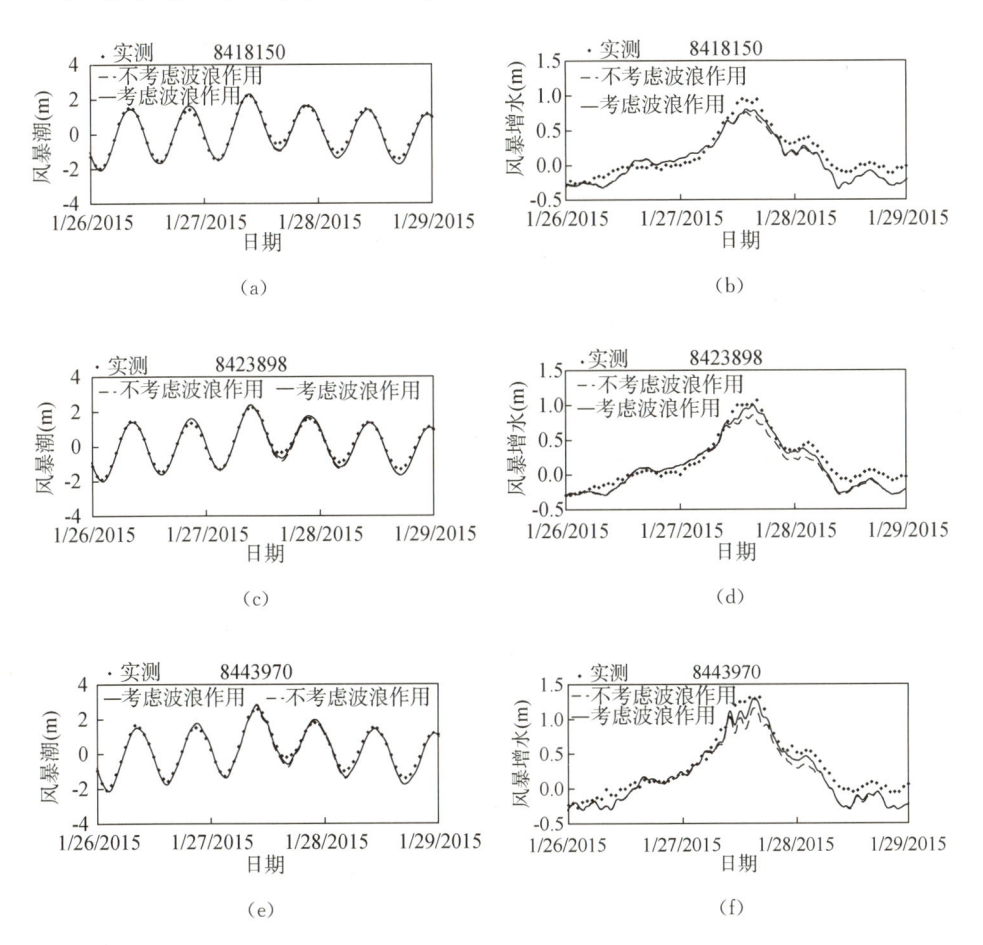

图 4.8 2015 年 1 月"北美风暴"期间模拟和实测水位比较

图 4.9 为模拟和实测波浪参数对比。在 5 个波浪浮标中,44013 波浪浮标位于马萨诸塞州斯基尤特东北方向 16 km 处。在考虑和不考虑波流相互作用的情况下,模型均能较好地再现风暴过程中波高和周期的变化,但考虑波流相互作用对模拟结果略有改善。在 44013 波浪浮标处,考虑波流相互作用时模拟的峰值有效波高增加 0.85 m。同时,考虑波流相互作用提高了波周期模拟结果的准确性,表明波浪谱的准确模拟需要合理考虑波流相互作用过程。由于波浪浮标

均位于水位较大的区域(表 4.2),波流相互作用对波浪的影响不如海岸区域显著。在海岸区域,一方面水位变化对总水深进行调节,进而影响波高(Zou et al.,2016);另一方面,水流通过波浪折射和多普勒效应对波浪进行调节。

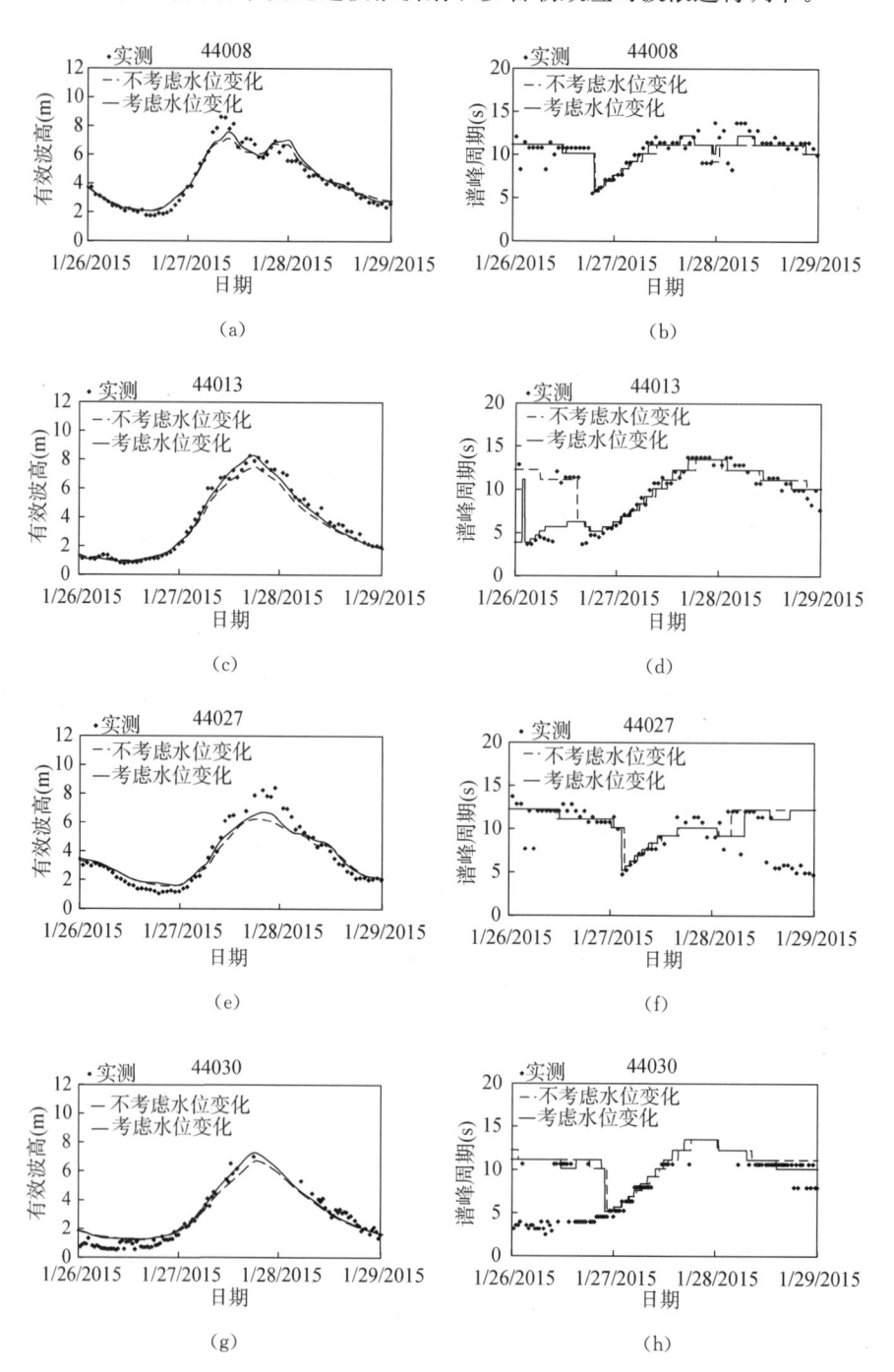

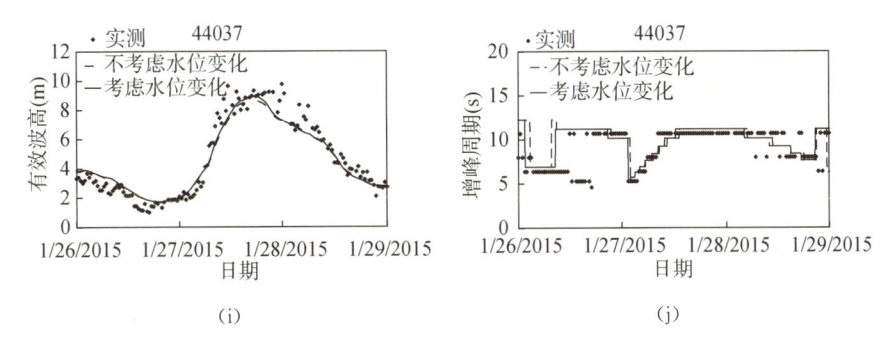

图 4.9　2015 年 1 月"北美风暴"期间模拟和实测波浪特征值比较

4.5.2　波浪对水流的影响

本节分析马萨诸塞州斯基尤特沿海波流相互作用对波浪和水流的影响。2015 年 1 月"北美风暴"期间,斯基尤特沿海波高峰值出现在 1 月 27 日 18:00 UTC 时,此时斯基尤特沿海总水位接近平均海平面。风暴增水峰值出现在 1 月 27 日 15:00 时,此时斯基尤特沿海天文潮位为低潮位。峰值浪高和风暴增水的相位差主要由水位导致。风暴增水峰值一般出现在低潮位,波高峰值则一般出现在水位较高时。绘制四个潮位(高潮位 2015/1/27 10:00 UTC 时、落急 2015/1/27 13:00 UTC 时、低潮位 2015/1/27 16:00 UTC 时、涨急 2015/1/27 19:00 UTC 时)波浪场和环流场,用于进一步分析不同天文潮相位时波流相互作用过程。

图 4.10 为不同天文潮相位时波浪对水流的影响。在近岸区域,波浪通过辐射应力对水位和水流产生影响。受岸线形态影响,海岸处波浪增水和波生流在空间分布上呈现非一致性。高潮位时,海岸处总水深增加 2.5 m,允许大浪在破碎前传播至离岸较近处。此时,波浪增水较小,在斯基尤特岬角北部的幅值约为 0.15 m。在岬角北部,波浪作用下形成顺时针环流,环流南端波浪增水幅值较大。在其他 3 个天文潮相位时,波浪增水较高潮位时显著,在岬角北部达 0.25 m。波浪增水增大主要有两方面的原因:(1) 斯基尤特沿海波高增大;(2) 与高潮位时相比,总水深变小,波浪破碎更为显著。在低潮和落急时刻,斯基尤特沿海出现约 0.05 m 的波浪减水,顺时针的环流也逐渐消失。由于垂直于海岸方向的波高梯度增加,波浪作用下的向岸流强度也增大。波浪作用下的水位提高和流场增强在其他开放海湾同样得到关注(Olabarrieta et al.,2014;Zou et al.,2016)。

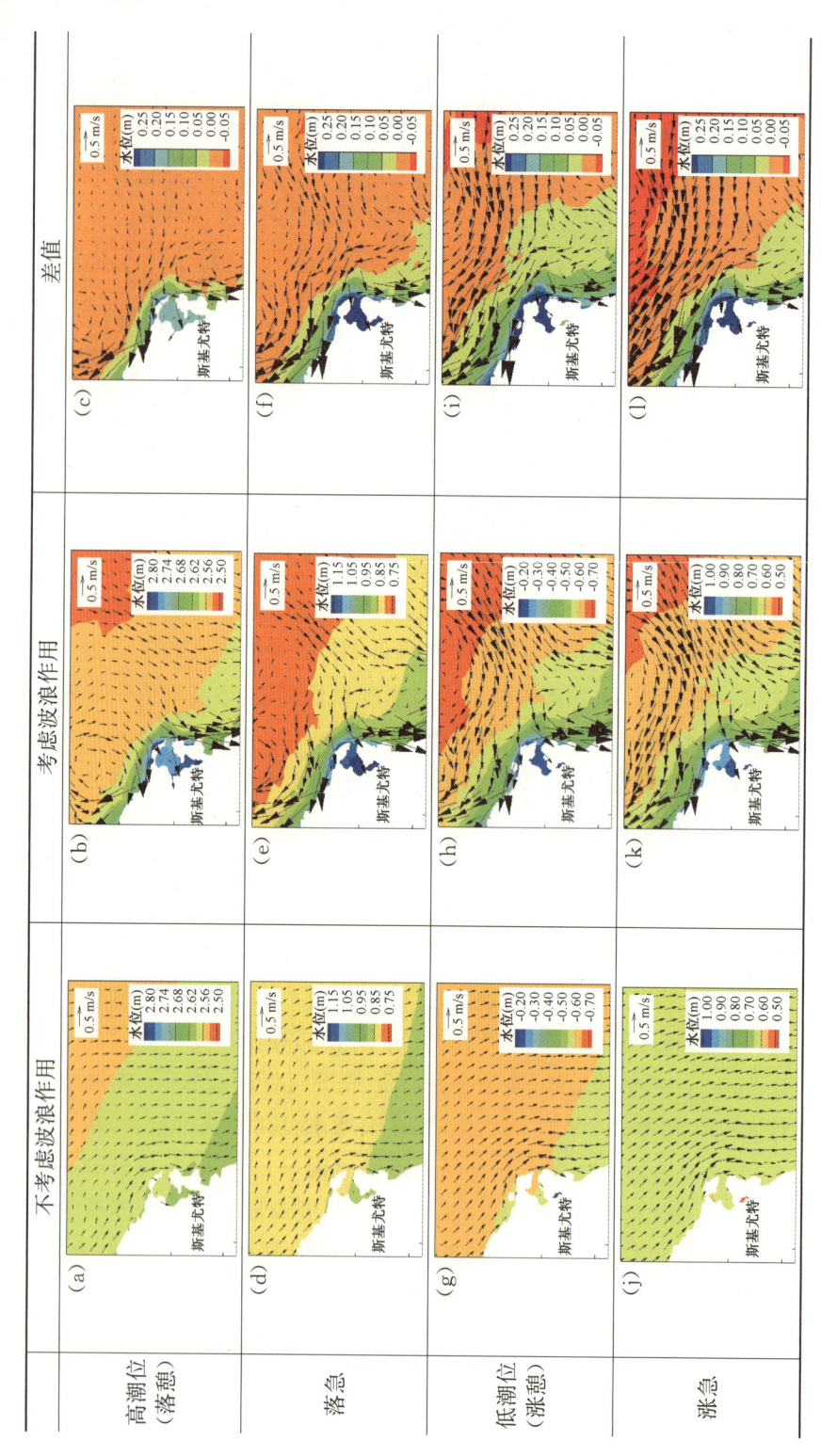

图 4.10 2015 年 1 月"北美风暴"期间不同天文潮相位水位和流场

(a)(b)(c): 2015 年 1 月 27 日 1000UTC 时（高潮位）水位和流场；(d)(e)(f): 2015 年 1 月 27 日 1300UTC 时（涨急）水位和流场；(g)(h)(i): 2015 年 1 月 27 日 1600UTC 时（低潮位）水位和流场；(j)(k)(l): 2015 年 1 月 27 日 1900UTC 时（落急）水位和流场。

在风暴峰值时刻,斯基尤特沿海波浪增水幅值达 0.3 m。风暴期间,风生流为南向流,但是波浪的存在增加了沿海流场的复杂性。波生流在斯基尤特沿海离岸处向岸流动,并在斯基尤特岬角处分离,岬角北部波生流逐渐向北偏转,岬角南部波生流逐渐向南偏转。在斯基尤特沿海,风生流的幅值介于 0.2 m/s～0.5 m/s 之间。波生流的幅值达 1.0 m/s,在斯基尤特沿海起主导作用。

4.5.3 水流对波浪的影响

在离岸和海岸处,天文潮位对波浪均有显著的调节作用(图 4.11)。在天文高潮位时,考虑波流相互作用的情况下,水深大于 10 m 处波高增加 0.7～1.0 m。海岸处波流相互作用对波高的影响更为显著,考虑波流相互作用时波高增加 1.3～1.6 m。水深增大时,波浪破碎减少,波高也相应增大。在低潮位时,离岸区域波高增大,近岸区域波高减小。涨急和落急时刻,考虑波流相互作用时离岸区域的波高增量大于近岸区域。

在斯基尤特沿海离岸区域,有效波高于 2015/1/27 18:00 UTC 时达到峰值。就波流相互作用对波浪的影响而言,离岸区域较近岸区域显著。在水深相对较大的区域,考虑波流相互作用时有效波高增加 0.5～1.5 m。在海岸区域,由于波高在涨急时刻达到峰值,波流相互作用对有效波高的影响不大。此时,波高主要受到水深的限制。考虑波流相互作用时,从离岸到海岸区域谱峰周期增加 2～4 s,平均波向基本保持不变。在浅水区域,受到波浪折射的影响,波浪的传播方向一般与等深线垂直。

4.6 波浪越浪

4.6.1 排水参数化

在斯基尤特 Avenues Basin,主要通过排水管道和位于 Avenues Basin 东南角的通道排水。2015 年 1 月"北美风暴"期间,Avenues Basin 内排水管道的排水量为 0.7 m³/s。位于 Avenues Basin 东南角的通道横断面可以简化为等腰梯形。通道底部位于平均海平面以上 4.36 m 处,底宽为 4.60 m,底角为 166°。当 Avenues Basin 内水位达到平均海平面以上 4.36 m 时,Avenues Basin 内洪水经由该通道排出。本章采用 4.3.4 节描述的排水模型,根据 Avenues Basin 内的实测水位,每隔 6 分钟计算排水率。当 Avenues Basin 内水位达到平均海平面以上 4.36 m 后,经过通道的排水速率迅速增加。1 月 27 日 10:24 UTC 时,

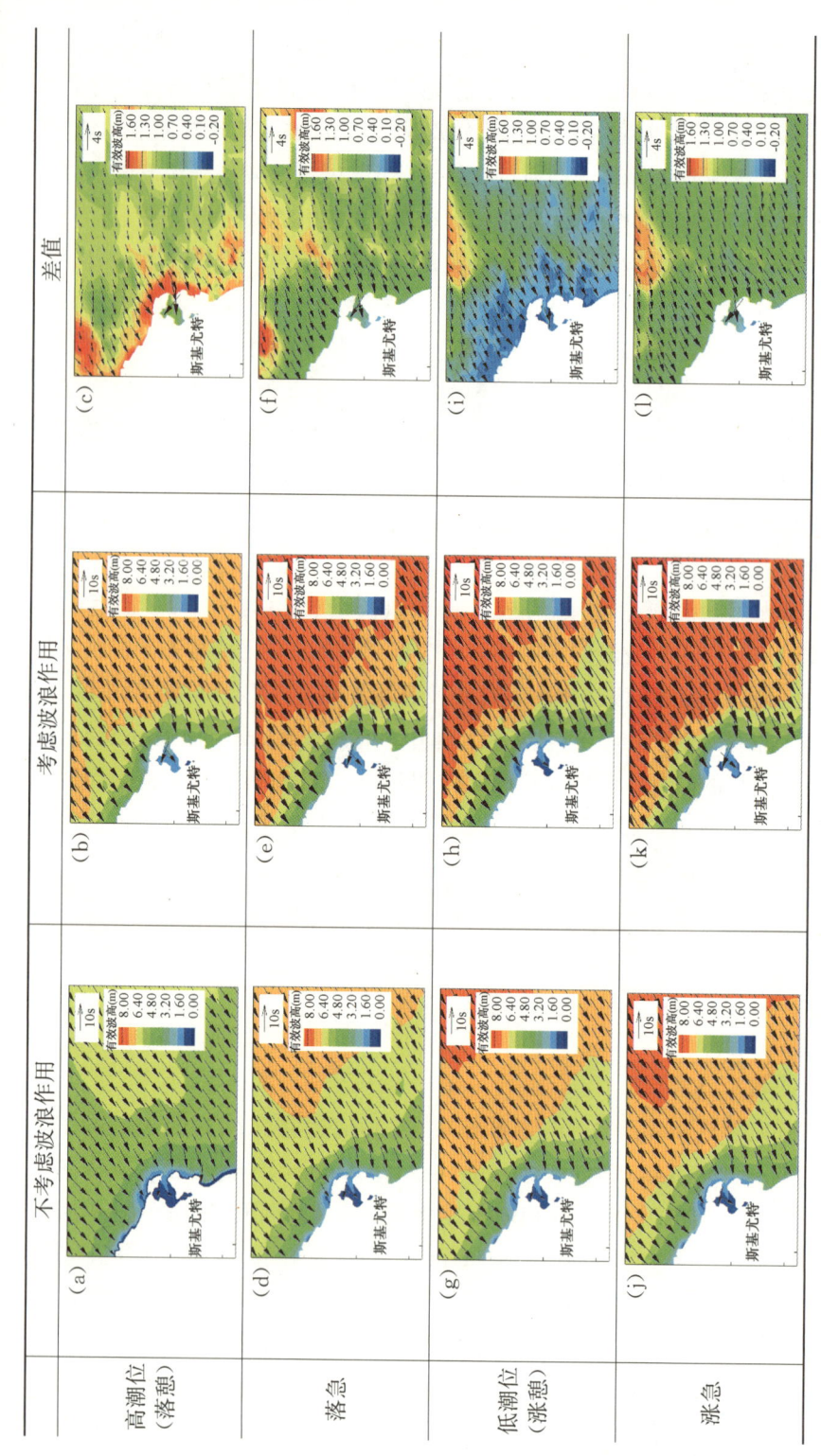

图 4.11 2015 年 1 月"北美风暴"期间波浪场

(a)(b)(c)：2015 年 1 月 27 日 1000UTC 时（高潮位）波浪场；(d)(e)(f)：2015 年 1 月 27 日 1300UTC 时（涨急）波浪场；(g)(h)(i)：2015 年 1 月 27 日 1600UTC 时（低潮位）波浪场；(j)(k)(l)：2015 年 1 月 27 日 1900UTC 时（落急）波浪场。

Avenues Basin 内水位达到峰值,通道排水流量为 19.0 m³/s。当 Avenues Basin 内水位高于平均海平面以上 4.36 m 时,经通道排水的流量远大于经排水管排出的流量。

4.6.2 越浪验证

波浪越浪模型计算海堤单位长度上的越浪量。采用 S1—S4 点位处波浪越浪量的加权平均值作为海堤单位长度平均越浪量,计算公式如下:

$$q_{avg} = 32.8 q_{S1} + 343.7(q_{S2} + q_{S3})/2.0 + 72.8 q_{S4} \tag{4.10}$$

式中: q_{avg} 为海堤处平均越浪量; q_{S1}、q_{S2}、q_{S3} 和 q_{S4} 分别为 S1—S4 点位处波浪越浪量;式中三个常数为 S1—S4 点位间海堤分段长度,如图 4.1(b)所示。

采用波流耦合模型 SWAN+ADCIRC 模拟的波浪和水位驱动破波带波浪模型和波浪越浪模型,模拟 Avenues Basin 沿海海堤处波浪越浪量。模拟的波浪越浪量与排水流量的差值,即为 Avenues Basin 内水体体积。将模拟计算的水体体积与 4.2.3 节中基于实测水位和地形资料计算的 Avenues Basin 内水体体积进行比较分析。

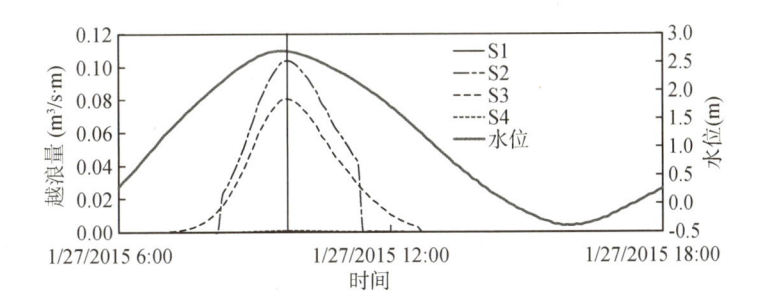

图 4.12 S1—S4 断面处水位和波浪越浪量历时

图 4.12 为含风暴增水与波浪峰值的天文潮周期内 S1—S4 点位处波浪越浪量。在 S2 和 S3 点位处,波浪越浪量最大可达 0.10 m³/s·m 和 0.08 m³/s·m;在 S1 和 S4 点位处,波浪越浪可以忽略。在 S2 和 S3 点位处,波浪越浪量的变化与海堤堤脚处水位的变化保持一致。在风暴峰值时刻,风暴潮位达到平均海平面以上 2.71 m,S2 和 S3 点位处海堤堤脚处于淹没状态,而 S1 和 S4 点位处海堤堤脚仍处于出露状态。波浪破裂后,波高主要受水深限制。尽管波浪在到达海岸结构前已经破裂,但在水深较大时,允许更大的波浪继续向海岸传播,直到海堤堤脚。S2 和 S3 点位处海堤堤脚波高较大,因此出现显著的波浪越浪。就 S2

和 S3 点位而言，由于 S2 点位处海滩剖面坡度更大，波浪破碎程度更剧烈，导致 S2 点位处波浪越浪量增加速度更快。

图 4.13 进一步证实了 S2 点位处海堤堤脚高程、水位、波浪与越浪量的关系。由于斯基尤特沿海离岸处的波高峰值与岸线处最高水位存在相位差，10 m 水深处有效波高峰值的出现时间滞后于最高水位出现时间[图 4.13(a)]。但是，由于浅水区域波高主要受水深控制，海堤堤脚处波高的变化与堤前水深同步[图 4.13(b)]。风暴增水峰值出现在低潮位前约 1 h，幅值达 1.30 m；最高水位与天文高潮位重合，此时风暴增水幅值为 0.97 m[图 4.13(b)]。在 2015 年 1 月 27 日 8:12 UTC 时和 11:24 UTC 时之间，S2 点位处海堤堤脚处于淹没状态。在此期间，堤前有效波高随着水位上升相应增加。波浪冲上结构物，导致该点位出现明显的波浪越浪。

(a) 10 m 水深处水位和有效波高

(b) S2 断面陡坡坡脚处水位和有效波高

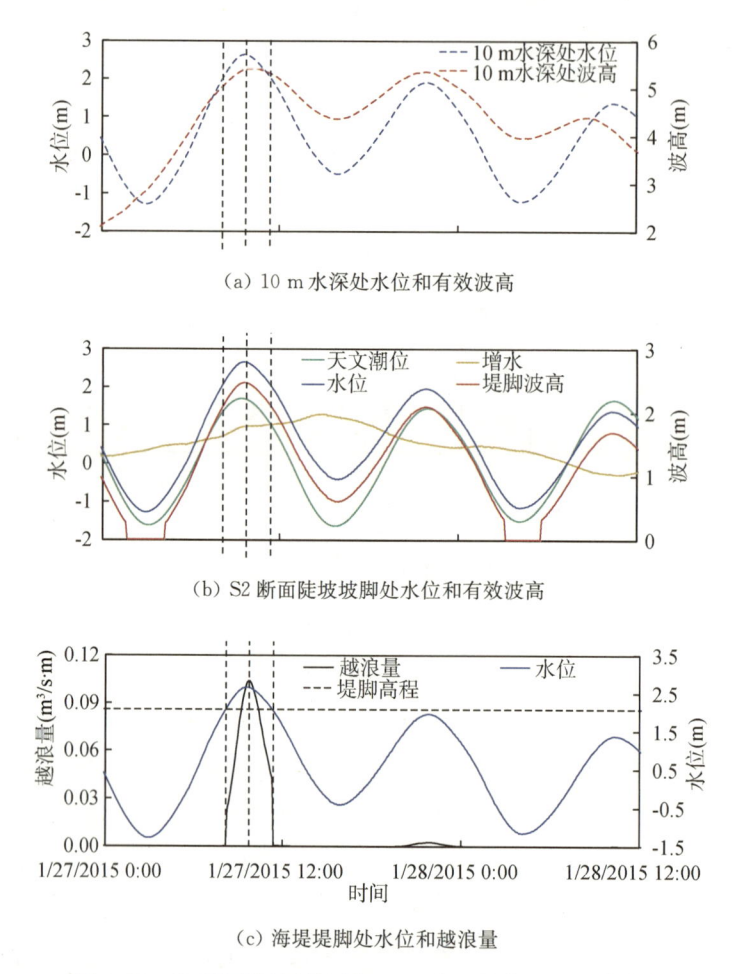

(c) 海堤堤脚处水位和越浪量

图 4.13　S2 断面波浪越浪量、10 m 水深处水位和有效波高

基于波浪越浪和排水流量的模拟结果,可以计算出 Avenues Basin 内水体体积。图 4.14 为 Avenues Basin 内实测水量与模拟水量对比,可以看到,模拟值与实测结果吻合良好。2015 年 1 月 27 日 10:24 UTC 时,Avenues Basin 内实测水量峰值达 166 509 m³;模拟水量峰值出现在 1 月 27 日 11:12 UTC,达到 166 124 m³。虽然 Avenues Basin 内实测和模拟水量峰值一致,但是模拟水量峰值出现的时间略滞后于实测水量峰值。由于波浪受到水位调节,波浪越浪主要发生在涨潮至天文高潮位阶段,模拟水位和实测水位间的相位差是导致越浪模拟结果出现偏差的主要原因。Avenues Basin 内水量达到峰值后,模型预测的水体体积迅速下降。导致这一结果的部分原因是 Avenues Basin 东南角排水通道的参数化。Avenues Basin 东南角排水通道的流量根据实测水位计算,因此与波浪越浪模拟存在一定的相位差。同时,通道排水流量计算假定每 6 分钟时间间隔内通道内水流为均匀流,且采用时间间隔开始时 Avenues Basin 内水位计算流速,可能导致水位变化时通道内水流流速存在低估或者高估。此外,水动力和地形的非线性耦合作用也可能是导致模拟结果和实测结果出现偏差的原因,但是本研究没有考虑这一过程(Du et al.,2010)。

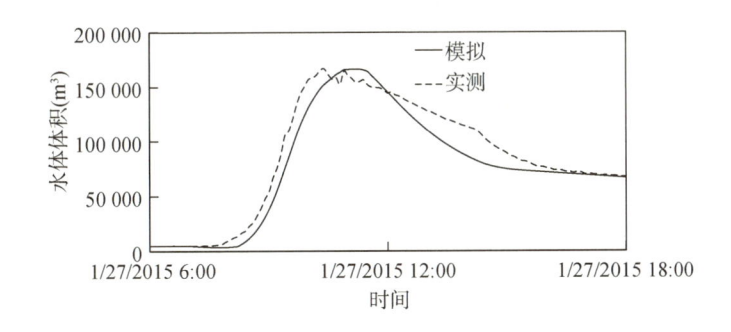

图 4.14 2015 年 1 月"北美风暴"期间 Avenues Basin 内模拟和实测水容量过程线比较

4.6.3 波流相互作用对越浪的影响

本节讨论波流相互作用对波浪越浪的影响。分别运行 SWAN 和 ADCIRC 模型,独立计算破波带模型边界处波浪参数和水位。将不考虑波流相互作用情境下模拟所得的有效波高、平均波周期和水位输入到破波带模型和波浪越浪模型,计算波浪越浪量。对比分析考虑和不考虑波流相互作用时波浪越浪量计算结果。图 4.15 为 2015 年 1 月 27 日 8:18 UTC 时至 11:18 UTC 时之间各参数比较结果。不考虑波流相互作用时,相应波浪越浪量是同等条件下考虑波流相互作用时越浪量的 20%。对产生这一结果的原因进行分析。在不考虑和考虑波流相互作用时,海堤堤脚处水位过程相似,但是不考虑波流相互作用时堤脚处有效波高显著小于考虑波流相互作用时的有效波高。波浪越浪量受到堤脚处有效波高和相对干舷高度的影响(EurOtop,2016)。一方面,波浪越浪量与波高的 2/3 次方成正比,因此有效波高减小 10% 将导致波浪越浪量减少 15%;另一方面,由于有效波高减小,无量纲相对干舷高度增加,导致波浪越浪量呈指数级减小(图 4.15(c))。同时,不考虑波流相互作用时,有效波高的减小导致 Iribarren 数减小。在波浪越浪发生时,考虑波流相互作用情况下的 Iribarren 数大于 2.0,不考虑波流相互作用时的 Iribarren 数小于 2.0。在不考虑波流相互作用的情况下,波高减小和波浪破碎加剧的共同作用导致波浪越浪量减少。

本研究将破波带模型边界设置在海岸线以外海底地形突变处,这一设置会对越浪结果产生影响。破波带模型边界处相对于平均海平面的水深为 5.5~8.5 m,此处波浪受到天文潮位和风暴增水的调节(Zou et al.,2013)。尽管已经考虑波浪浅水变形,将有效波高调整为深水波高,但是水位对波高的影响并不能消除。这一结果表明,在采用越浪模型时,合理考虑模型边界处波流相互作用的影响十分必要。

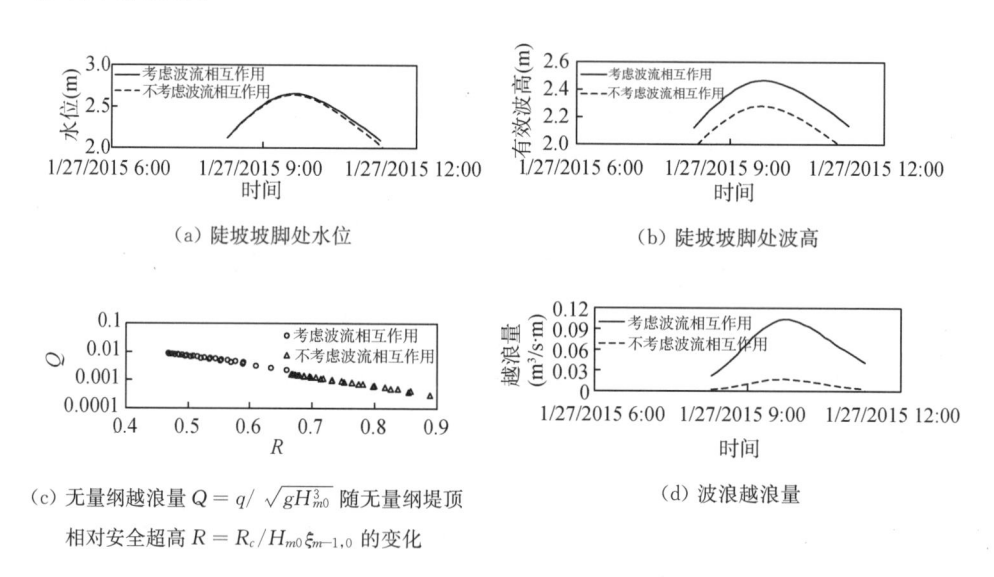

(a) 陡坡坡脚处水位

(b) 陡坡坡脚处波高

(c) 无量纲越浪量 $Q = q/\sqrt{gH_{m0}^3}$ 随无量纲堤顶相对安全超高 $R = R_c/H_{m0}\xi_{m-1,0}$ 的变化

(d) 波浪越浪量

图 4.15 S2 断面处水位、有效波高、越浪量比较示意图

4.6.4 海平面上升和海堤堤顶高程对越浪的影响

如引言所提,马萨诸塞州在进行沿海规划时,计划到 2100 年沿海海平面将上升 0.25~2.08 m。到 2050 年,在中高情境下海平面预计将上升 0.36 m。本

节评估了2015年1月"北美风暴"在海平面上升0.36 m以及海堤堤顶高程抬升0.36 m情境下的波浪越浪情况。

在SWAN+ADCIRC耦合模型中,将0.36 m的海平面上升叠加到平均海平面上,计算破波带模型和波浪越浪模型边界处的水位和波浪参数。海平面上升通过两方面增大波浪越浪量:(1)相对干舷高度减小;(2)海岸工程结构趾部有效波高增大。如图4.16(a)所示,海平面上升0.36 m对海岸工程结构趾部水位的影响基本可以忽略不计,有效波高增加0.23 m。如4.6.3节所述,有效波高增加10%将导致波浪越浪量增加约15%。同时,海平面上升与海岸工程结构趾部有效波高增大的共同作用导致无量纲相对干舷高度显著减小。海平面上升0.36 m时,无量纲相对干舷高度的最小值从0.47下降到0.38[图4.16(b)]。在上述两过程的共同作用下,海平面上升0.36 m时,波浪越浪量峰值增加一倍,达0.2 m³/s·m[图4.16(c)]。

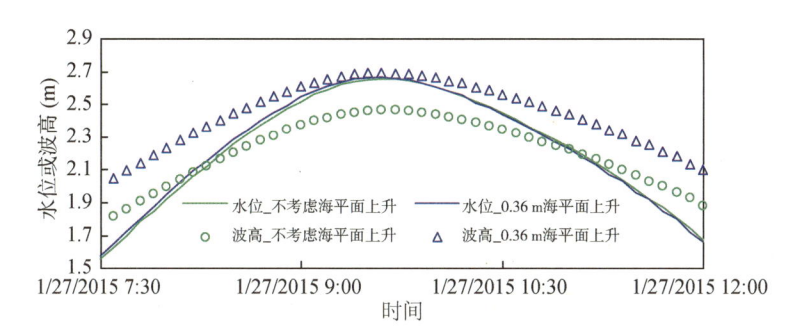

(a) 考虑和不考虑海平面上升时海堤堤脚处水位和有效波高

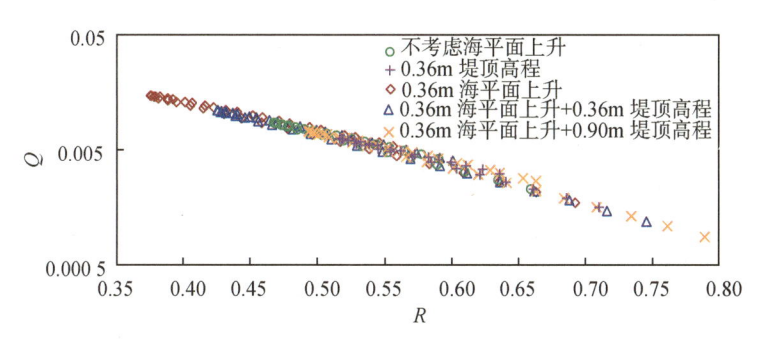

(b) 无量纲越浪量随无量纲堤顶相对安全超高的变化

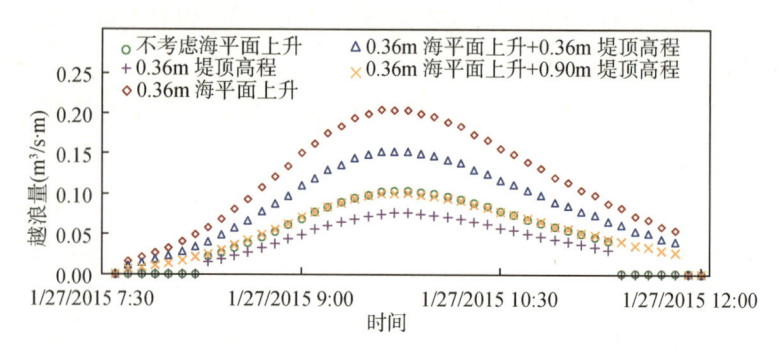

(c) 不同海平面上升与堤顶高程组合下波浪越浪量

图 4.16　S2 断面处海平面上升和海堤堤顶高程对波浪越浪量的影响

提高海堤堤顶高程可以增加海堤相对干舷高度，是减少波浪越浪量的有效途径。在当前海平面情况下，将海堤堤顶提升 0.36 m，可以将波浪越浪量峰值减少到同等风暴条件下海堤堤顶高程不变时越浪量的 75%，但是不能完全抵御诸如 2015 年 1 月"北美风暴"造成的波浪越浪。考虑到海堤堤顶高程和平均海平面均提高 0.36 m 的情况，此时峰值波浪越浪量相较于海堤堤顶高程和平均海平面不发生变化时增加 50%，为仅考虑海平面上升 0.36 m 时波浪越浪量的 75%。在平均海平面上升 0.36 m 的情境下，需要将海堤堤顶高程提高 0.9 m，才能将相应情况下波浪越浪量峰值降低至当前水平[图 4.16(c)]。

4.7　本章小结

本章构建一体化模型系统，采用风暴期间气象要素驱动模型系统，预测 2015 年 1 月"北美风暴"期间美国东北部沿海天文潮、风暴增水、波浪和海堤处波浪越浪。一体化模型系统由三个部分组成：(1) 波流耦合模型 SWAN+ADCIRC；(2) 破波带模型；(3) 波浪越浪模型。

在海岸处，波流相互作用对水位、波浪和越浪有重要影响。天文潮位对波高有显著调节作用。例如，在水深小于 10 m 处，高潮位时波高增加 1.3~1.6 m，低潮位时波高减少 0.2 m。在风暴峰值时刻，考虑波流相互作用时斯基尤特沿海波高增加 0.7 m。沿岸波浪增水介于 0.1~0.25 m 之间，具体幅值取决于岸线形状和天文潮相位。斯基尤特沿海海湾内波浪增水幅值大于开敞岸线处波浪增水幅值。低潮和涨落潮时刻的波浪增水大于高潮时刻，这主要缘于低潮和涨落潮时刻波浪破碎增强。

采用波流耦合模型 SWAN+ADCIRC 计算的水位和波浪参数驱动破波带

模型,获取海岸工程结构前波高,用于波浪越浪计算。与 Zou 等(2013)的研究相区别的是,本研究将海堤视作斜坡堤上的挡浪墙,以考虑斯基尤特沿海海堤前海滩陡坡的影响。

结合 Solinst LTC Levelogger Edge 在斯基尤特 Avenues Basin 内实测的水位和排水模型,估算 Avenues Basin 沿海海堤处波浪越浪量。2015 年 1 月"北美风暴"期间,模型模拟的波浪越浪量与实测值吻合良好,但是模拟和实测峰值越浪量出现的时间存在轻微相位差。导致这一结果出现的原因可能有:(1) 在斯基尤特沿海,模型模拟的水位与实测水位存在相位差;(2) 排水参数化存在误差。考虑波流相互作用时,波浪越浪量增加 80%。天文潮和风暴增水加大了总水深,更大的波浪可以在破碎前到达海堤堤脚。

对不同海平面上升和堤顶高程抬升条件下波浪越浪情况进行分析。模型研究表明,在海平面上升 0.36 m 的情境下,波浪越浪量峰值是当前峰值的两倍。当海平面和海堤堤顶高程同时抬升 0.36 m 时,波浪越浪量峰值增加 50%,导致这一结果的主要原因是堤前水深增加时波高也相应增大。由于波浪越浪量为波高的 3/2 次方和波高指数函数的乘积,波浪越浪量随波高增大的速度大于随水深增加的速度。模型结果表明,当海平面升高 0.36 m 时,需要将海堤堤顶高程抬升 0.9 m,才能将峰值波浪越浪量保持在当前水平。

本章构架的一体化模型可以为海平面上升情境下沿海规划和海岸工程升级提供有效的评估手段。模型计算结果表明,海平面上升引起的海岸结构前水深增大,不仅会降低相对干舷高度,同时还会导致波高增大。波高增大导致波浪越浪量迅速增加,因此海岸工程堤顶的抬升幅值需要大于实际海平面上升幅值。此外,在制定海平面上升的适应性策略时,需要考虑天文高潮位和风暴增水叠加的最不利情况。

第 5 章

水动力与泥沙输运模拟

5.1 背景介绍

波浪和水流都可能在海岸环境下的泥沙运输中发挥重要作用(Soulsby，1997)。风暴生成在近岸区域生成大浪和强流，改变大陆架、沿海海湾和入海口的水动力和泥沙运输规律(Warner et al.，2008a；Warner et al.，2010；Mulligan et al.，2008，2010；Orescanin et al.，2014；Wargula et al.，2014；Chen et al.，2015；Li et al.，2015；Li et al.，2017)。因此，理解沿海水动力和泥沙输运对强风暴的响应，对海岸资源管理和适应性调整具有重要意义。然而，由于波浪、水流和地形之间相互作用复杂，海岸区域水动力和泥沙输移在空间和时间上都具有高度变异性。由于波浪和水流的幅值和分布规律取决于风暴特征，不同风暴条件可能会增加波浪和水流时空分布的复杂性(Young，1988，2006；Rego et al.，2009，2010；Holthuijsen，2010；Li et al.，2017)。

现场观测仅可以提供特定采样点处一定时间范围内的波浪、水流和泥沙输移的信息。要想全面了解不同时空尺度和不同气象条件下的波浪、水流和泥沙输移过程，需要依靠数值模拟手段(Elias et al.，2006；Bertin et al.，2009；Warner et al.，2008b；Warner et al.，2010)。目前，数值模拟已经应用于研究风暴期间海岸区域水动力和泥沙输移对风应力和大气压强的响应(Elias et al.，2006；Warner et al.，2008a；Warner et al.，2010；Mulligan et al.，2008，2010；Bertin et al.，2009；Hu et al.，2009；Dodet et al.，2013；Chen et al.，2015；Li et al.，2015；Li et al.，2017；Zou et al.，2016；Marsooli et al.，2017)。此前诸

多研究聚焦在两方面:(1)探讨波浪、水流和地形的相互作用;(2)确定海岸区域水动力系统的驱动机制(Signell et al.,1990;Mulligan et al.,2008,2010;Olabarrieta et al.,2014;Dodet et al.,2013;Marsooli et al.,2017)。最近,基于数值模拟的研究为泥沙输移和近岸水动力过程认识提供了更多见解(Elias et al.,2006;Warner et al.,2008a,2010;Hu et al.,2009;Silva et al.,2010;Chen et al.,2015;Li et al.,2017)。然而,仅有限研究聚焦于泥沙输运的驱动机制,尤其是波浪和波流相互作用对泥沙输移的重要性(Warner et al.,2008a,2010;Dodet et al.,2013;Chen et al.,2015)。

已有基于实测资料分析的研究表明,波浪和波流相互作用对流场空间分布非常重要(Mulligan et al.,2010;Orescanin et al.,2014;Wargula et al.,2014)。在不考虑波浪作用的情况下,水平压力梯度和底部摩阻是海岸区域动量平衡的主导项(Hench et al.,2003;Olabarrieta et al.,2014)。考虑波浪作用时,水平压力梯度和底部摩阻的平衡不再成立(Olabarrieta et al.,2014)。近岸区域波浪破碎,产生波浪辐射应力,有可能对海岸过程起主导作用(Mulligan et al.,2008,2010;Olabarrieta et al.,2014;Orescanin et al.,2014;Wargula et al.,2014)。数值模拟可以很好地再现波浪辐射应力和应力梯度对海岸区域流场的影响(Mulligan et al.,2008,2010;Olabarrieta et al.,2014;Dodet et al.,2013)。例如,在威拉帕湾(Willapa Bay)和卢嫩堡湾(Lunenburg Bay),波浪破碎产生的波辐射应力梯度是导致湾内流场发生变化的主要原因之一(Olabarrieta et al.,2014;Mulligan et al.,2008,2010)。

已有的岬角-海湾系统水动力和沙质输移研究为当前工作提供了启示(Hsu et al.,2008;Silva et al.,2010)。Hsu等(2008)提出,岬角-海湾系统的稳定性由海滩泥沙输入和输出的平衡决定,泥沙供应的减少或海岸结构的存在可能会改变系统平衡。Silva等(2010)进一步论证了湾内沉积物在水动力平衡中的作用。岬角-海湾系统中,浅滩可能会导致波浪破碎,在湾内产生环流系统(Silva et al.,2010)。

本章研究了风暴期间美国东北部岬角-海湾系统Saco Bay内的水动力和沙质输移[图5.1(b)]。Saco Bay是新英格兰北部最大的砂质海滩系统,系统内长期以来存在强烈的泥沙再分配。在Saco River入海口建有双导堤工程。该双导堤工程深刻地改变Saco Bay内水动力和泥沙输运格局(Kelley et al.,2005)。目前,关于Saco Bay内水动力主导过程的研究较少,同时关于海湾内泥沙输移的理论也相互矛盾(Kelley et al.,2005)。当前关于Saco Bay内泥沙输移的有限研究均基于实测资料分析(Hill et al.,2004;Kelley et al.,2005;Brothers et al.,2008）。Hill 等(2004)将近海气象数据、流速数据和海滩剖面数据结合起来,分析垂直于岸线方向海滩剖面对各种风暴条件的响应。Brothers 等(2008)收集整理了水文数据、当地风观测数据和浮标数据,对泥沙由 Saco River 进入海湾后输移和扩散进行分析。上述两项研究都对 Saco Bay 内泥沙输移行为进行阐述,但并未探讨不同风暴条件下波浪、水流和波流相互作用对泥沙输移的作用。最近,Zou 等(2016)对 2007 年 4 月"东北风暴"期间 Saco Bay 内水动力开展数值模拟研究,发现波浪和波流相互作用对 Saco Bay 内流场分布有重要影响。

本章研究的主要目的为以下三点:(1) 探讨岬角-海湾系统水动力过程对不同风暴路径、强度和持续时间的响应;(2) 辨析波浪、水流等不同物理过程对泥沙输移的作用;(3) 掌握风暴期间岬角-海湾系统泥沙输移的时空变化规律。本研究结合波流耦合模型 SWAN+ADCIRC 以及波流共生条件下泥沙输移模型,比较分析三场风暴期间 Saco Bay 内的波浪、潮流、风生流、波生流、底床切应力和泥沙输移过程。采用数值模拟手段,解析复杂局部地形和岸线条件下波浪、水流和泥沙输移的空间变化,揭示 Saco Bay 内泥沙输移和海岸侵蚀、淤积机制。

本章内容包括:5.2 节为 Saco Bay 的简要介绍;5.3 节描述了影响美国东北部沿海的三场重要风暴过程;5.4 节介绍了模型构建与参数设置;5.5 节讨论了三次风暴过程中 Saco Bay 内的水动力响应;5.6 节讨论了风暴期间输沙率和输沙通量;5.7 节为本章小结。

5.2 研究区域

Saco Bay 是位于美国缅因州南部沿海的一个小型弧形海湾[图 5.1(a)],拥有 15 km 长的海岸线,是新英格兰北部最大的砂质海滩系统之一。Saco Bay 的南、北边界分别是 Fletcher Neck 和 Prouts Neck[图 5.1(b)]。湾内共有三个潮汐入口,即 Saco River、Goosefare Brook 和 Scarborough River。此外,在海湾南部 Saco River 河口,建设有双导堤工程[图 5.1(b)]。该双导堤工程最初由美国陆军工程兵团建造,服务于 Saco River 河口通航需求(FitzGerald et al.,2002)。长期以来,Saco Bay 内海滩侵蚀和淤积问题严重。海湾南部海岸线遭受长期蚀退,北部岸线淤涨明显(Kelley et al.,2005)。目前,关于 Saco Bay 系统的泥沙问题在三方面存在争议:(1) 泥沙来源;(2) 湾内泥沙净输移方向;(3) Saco River 河口双导堤工程对泥沙输移的影响(Kelley et al.,2005)。为了回答以上三个问题,Kelley 等(2005)通过收集整理过去和现在的输沙路径、通量和泥沙储层量数据,构建了海湾系统不同段内泥沙通量模型,主要结论如下:

（1）Saco River 是 Saco Bay 系统主要泥沙来源；（2）沿岸净输沙为由南向北；（3）过去百年间 Saco River 河口北导堤的建设深刻地改变了湾内泥沙输运格局，导致邻近 Camp Ellis 海滩及岸线出现严重侵蚀。

Saco Bay 内平均潮差为 2.7 m，其中大潮潮差为 3.5 m。平均浅水波高为 0.4 m，波浪常浪向为南—东南方向（Jensen，1983）。除岬角和岛屿附近，湾内等深线与岸线平行[图 5.1(b)和图 5.1(c)]。湾内水深特征对该区域水动力和泥沙输移具有重要影响。

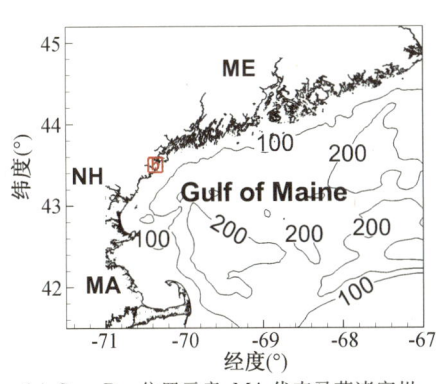

(a) Saco Bay 位置示意，MA 代表马萨诸塞州，NH 代表新罕布什尔州，ME 代表缅因州

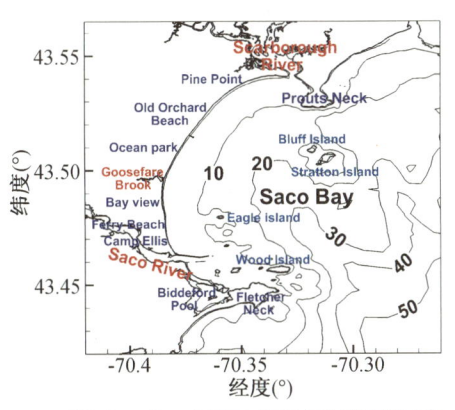

(b) Saco Bay 内河口、岛屿与沙滩系统示意

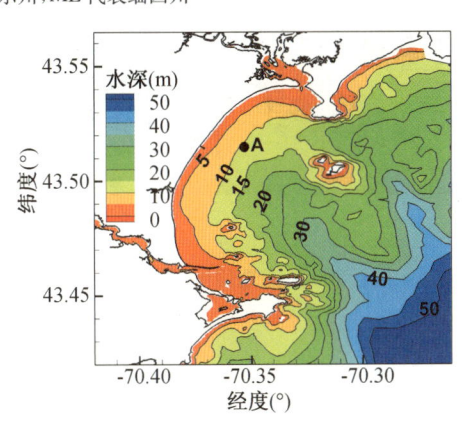

(c) Saco Bay 内水深示意图，A 点位于 10 m 等深线处，为水位、波浪、流速和输沙率时间过程输出点位

图 5.1　Saco Bay 的位置和水深

在 Saco Bay 内海滩上，占主导的泥沙类型是中粗粒砂，泥沙中值粒径从海湾南部的 700 um 减小到海湾北部的 250 um（Farrell，1972；Kelley et al.，2005）。在水深小于 15 m 的区域主要为中细砂。在水深为 5~7 m 的区域，同样观测到泥沙由南向北细化的趋势，泥沙中值粒径范围为 125~250 um（Kelley et al.,1995;Kelley et al.,2005)。Barber(1995)根据现场调查绘制 Saco Bay 内海底地质图,表明在水深小于 15 m 的区域,海底床主要成分为砂(图 5.2)。本章研究聚焦 Saco Bay 内泥沙输移潜力,不考虑海湾内海底地形和岸线形态变化。因此,本章采用 Barber(1995)绘制的 Saco Bay 海底地质图来划定有砂区域。

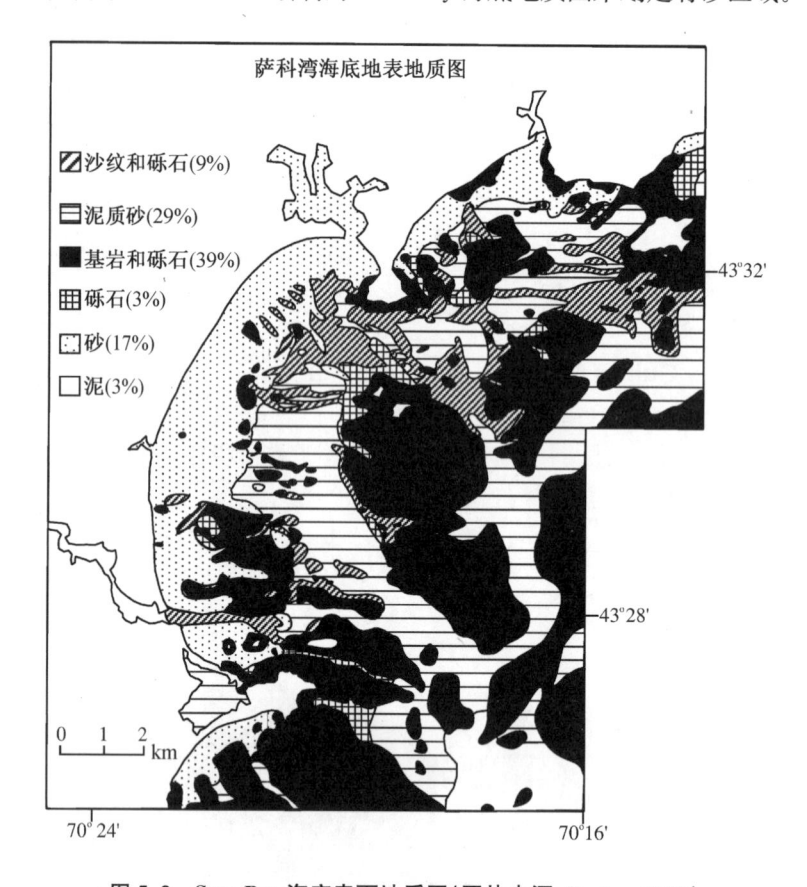

图 5.2　Saco Bay 海底表面地质图(图片来源:Barber,1995)

5.3　风暴简介

东北风暴是每年十月到次年四月袭击美国东北沿海的主要风暴,前进速度较慢,风暴直径可达数千千米(Davis et al.,1993)。根据风暴强度、持续时间和路径,本章选择了三个重要东北风暴:1991 年 10 月"完美风暴"、2007 年 4 月"东北风暴"和 2015 年 1 月"北美风暴"。虽然三者均属于东北风暴范畴,但是风暴路径和持续时间有所不同。1991 年 10 月"完美风暴"的路径不同于寻常的东北风暴。该风暴于 10 月 29 日在加拿大大西洋沿海生成并发展,并在其生命周期后期演化为飓风。受到北部高压系统的强迫作用,风暴向南再向西移动。在 10 月 30 日至 11 月 1 日期间,风暴在美国东海岸生成大浪和高水位,造成海岸淹没。在缅因湾内,观测到最大持续风速达 90 km/h,阵风风速达 121 km/h,有效波高达 12.0 m。此后,风暴转向西南方向,变为副热带气旋(图 5.3)。

2007 年 4 月"东北风暴"路径离海岸距离较近,并在 4 月 15 日至 18 日横扫了美国东北部沿海(图 5.3)。4 月 16 日上午,风暴中心在纽约市沿海呈准静止状态,在缅因湾内持续产生强烈的东南风,峰值风速超过 70 m/s(Marrone, 2008)。4 月 17 日,风暴迅速减弱并向东移动。4 月 18 日再次增强,并在缅因湾产生强烈的东北风(图 5.3)。

2015 年 1 月"北美风暴"是 2015 年 1 月底席卷美国东北部沿海的一场强温带风暴过程。1 月 27 日至 28 日,风暴从美国东海岸中部向东北方向移动至加拿大东海岸(图 5.3)。在整个风暴过程中,缅因湾内均为东北向来风。风暴区域北部存在一个强高压系统,阻碍了风暴的推进,导致强风区持续时间较长。东北向强风导致美国东北部沿海出现强风暴潮和大浪。

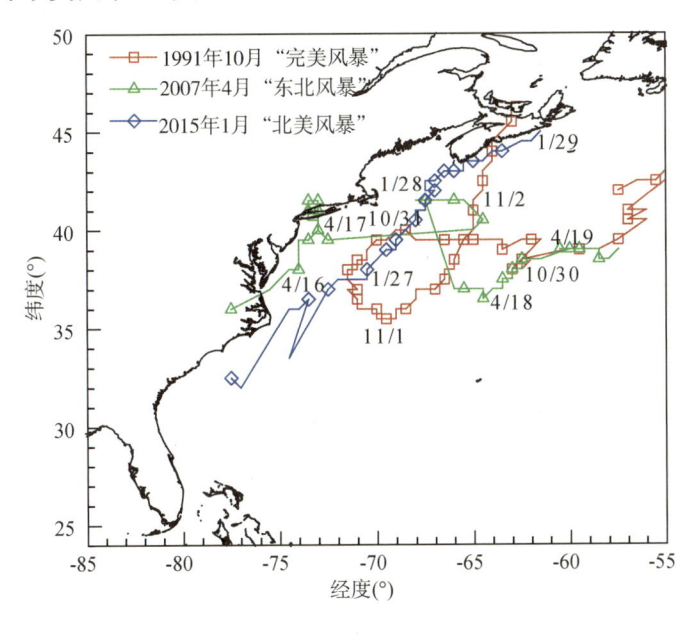

图 5.3 三场"东北风暴"路径图

5.4 研究方法

在海岸区域开展水动力和泥沙输移数值模拟研究涉及过程复杂且计算量

大,主要包括以下三方面原因:(1)需要解析从海洋到河口不同时空尺度物理过程;(2)需要对复杂的地形和岸线条件进行准确描述;(3)需要合理概化水动力和地形的非线性相互作用。本研究结合波流耦合模型 SWAN+ADCIRC 以及波流共生条件下泥沙输移模型,比较分析三场风暴期间美国东北部 Saco Bay 内的波浪、潮流、风生流、波生流、底床切应力和泥沙输移过程。图 5.4 为本研究采用的模型框架。采用波流耦合模型 SWAN+ADCIRC,在气象参数和潮汐强迫作用下,模拟海岸区域水动力过程。将波流耦合模型计算的波浪轨迹速度、水位、水深平均流速输入 Soulsby 底床切应力模型和 Soulsby-Van Rijn 全输沙模型(Soulsby,1997),分别计算波流共生条件下的底床切应力和全输沙率。本节主要介绍波流耦合模型、底床切应力模型和全输沙模型的模型特点及算法。

图 5.4 Saco Bay 内泥沙输运模拟框架

5.4.1 波流耦合模型

本章采用基于非结构三角网格的波流耦合模型 SWAN+ADCIRC(Dietrich et al.,2011,2012)探讨风暴期间海岸区域水动力过程。第三代波浪谱模型 SWAN(Booij et al.,1999;Ris et al.,1991)可以用于预测变化风场和地形条件下的波浪时空分布。SWAN 综合考虑了浅水波浪传播与耗散过程,如波浪破碎、底部摩阻和三相波相互作用,因此在近岸和海岸区域波浪模拟中得到广泛应用。

采用基于非结构三角网格的水动力模型 ADCIRC,开展风暴过程中海岸水动力过程研究。本研究采用 ADCIRC 模型基于水深积分的二维模式 ADCIRC-2DDI。为简便起见,以下统一称 ADCIRC-2DDI 为 ADCIRC。ADCIRC 模型(Luettich et al.,2004)采用 Galerkin 有限元算法(Dawson et al.,2006),在非结构三角网格上求解水深积分二维浅水方程,分别基于双曲连续方程和动量方程计算水位和水深平均流速。SWAN 和 ADCIRC 模型在进行耦合时,考虑了近岸区域主要的波流相互作用过程。实际计算时,ADCIRC 模型将计算所得水位和水深平均流速传递给 SWAN 模型,考虑水位对波浪的调节作用、水流对波浪的多普勒效应和折射作用。在此基础上,SWAN 模型基于波作用平衡方程求解波浪参数,并将波浪辐射应力传递给 ADCIRC 模型,以考虑剩余动量通量对水位和水流的影响。Xie 等(2016)、Zou 等(2016)和 Xie 等(2019)对 SWAN 和 ADCIRC 模型的算法和耦合机制进行了详细描述。

5.4.2 波流环境下底床应力与泥沙输运模型

波浪和水流都可能在海岸区域泥沙输移中起重要作用。在波流相互作用下,波流共生情况下的波浪和水流的联合作用并非波浪和水流各自作用的线性叠加。波流相互作用的三个方面对泥沙输移有重要作用:(1) 水流对波浪的折射作用;(2) 波浪与水流边界层相互作用下的底床切应力增强作用;(3) 波生流对平均流场的作用。波流耦合模型 SWAN+ADCIRC 通过计入波浪辐射应力对水流的作用,考虑波浪对平均流场的影响。本章考虑了水流对波浪的折射作用以及波浪与水流边界层相互作用下的底床切应力增强作用。

5.4.2.1 底床切应力模型

波流共生情况下的底床切应力大于波浪和水流各自作用下底床切应力的线性叠加(Grant et al.,1979,Grant et al.,1984;Davies et al.,1988)。波浪与水流边界层相互作用下底床切应力的增强对流场和泥沙输移均具有重要作用(Davies et al.,1995;Styles et al.,2000;Xie et al.,2001;Warner et al.,2008b;Chen et al.,2015;Li et al.,2017)。目前已有诸多理论和模型对波浪和水流边界层的非线性作用进行了描述,如解析模型(Grant et al.,1979;Fredsøe,1984)和数值模型(Davies et al.,1988)。

Soulsby 等(1993)和 Soulsby(1995)对波流共生情况下底床切应力进行代数近似,并采用实验和现场观测数据对模型经验参数进行优化。波流共生情况下的 Soulsby 底床切应力计算公式(Soulsby et al.,1993)如下:

$$\tau_m = y(\tau_c + \tau_w) \tag{5.1}$$

$$\tau_{\max} = Y(\tau_c + \tau_w) \tag{5.2}$$

$$\tau_c = \rho C_D \bar{U}^2 \tag{5.3}$$

$$\tau_w = \frac{1}{2}\rho f_w U_w^2 \tag{5.4}$$

式中:τ_c 为仅有水流作用情况下的底床切应力;τ_w 为仅有波浪情况下的最大底

床切应力；τ_m 和 τ_{max} 为波流共生条件下平均和最大底床切应力，其中 τ_{max} 用于确定泥沙起动阈值和悬扬速率，τ_m 用于确定泥沙扩散；C_D 为水深平均流的拖曳力系数。在给定基于泥沙粒径的底床粗糙长度的情况下，通过假定流速剖面为对数剖面计算拖曳力系数。f_w 为波浪摩擦系数，采用湍流显式公式（Nielsen，1992）计算。$\bar{U}$ 为水深平均流速，U_w 为底床处波浪轨迹速度。在仅考虑水流作用的情况下，根据二次定律，此时底床切应力取决于拖曳力系数和水深平均流速。其中，拖曳力系数随海床粗糙长度呈对数增加，随水深呈指数减小。在仅考虑波浪作用的情况下，底床最大切应力是波浪摩擦系数和底床波浪轨迹速度的函数。Nielsen（1992）将不同相对粗糙度情况下的波浪摩擦系数统一为同一公式。相对粗糙度随波浪轨迹偏移量增大，随 Nikuradse 等效粒径粗糙度减小。三个无量纲参数 x、y 和 Y 的表达式如下：

$$y = x[1 + b x^p (1-x)^q] \tag{5.5}$$

$$Y = 1 + a x^m (1-x)^n \tag{5.6}$$

$$x = \tau_c/(\tau_c + \tau_w) \tag{5.7}$$

式中：六个拟合系数 a、b、m、n、p 和 q 是波浪和水流的相对角度（ϕ）以及波浪摩擦系数和水深平均流拖曳力系数比值（f_w/C_D）的函数。为简便起见，本章仅列出系数 a 的计算公式，系数 b、m、n、p 和 q 的计算公式与系数 a 的计算公式类似，具体见 Soulsby 等（1993）和 Soulsby（1997）的研究成果。

$$a = (a_1 + a_2 |\cos\phi|^I) + (a_3 - a_4 |\cos\phi|^I) \log_{10}(f_w/C_D) \tag{5.8}$$

拟合系数 $a_i (i=1,4)$ 和 I 的值见 Soulsby 等（1993）和 Soulsby（1997）的研究成果。

5.4.2.2 泥沙输运模型

在海岸区域，泥沙输移计算涉及波浪和水流两个方面。本章采用 Soulsby-Van Rijn 总输沙模型（Soulsby，1997），模拟波流共生情况下的泥沙输运情况。Soulsby-Van Rijin 输沙率计算如下：

$$q_t = A_s \bar{U} \left[\left(\bar{U}^2 + \frac{0.018}{C_D} U_{rms}^2 \right)^{\frac{1}{2}} - \bar{U}_{cr} \right]^{2.4} (1 - 1.6\tan\beta) \tag{5.9}$$

$$A_s = A_b + A_{ss} = \frac{0.005h (d_{50}/h)^{1.2}}{[(s-1)g d_{50}]^{1.2}} + \frac{0.012 d_{50} D_*^{-0.6}}{[(s-1)g d_{50}]^{1.2}} \tag{5.10}$$

$$D_* = \left[\frac{g(s-1)}{v^2} \right]^{1/3} d_{50} \tag{5.11}$$

$$C_D = \left[\frac{0.40}{\ln\left(\frac{h}{z_0}\right)-1}\right]^2 \tag{5.12}$$

式中：$\bar{U}$ 为水深平均流速；U_{rms} 为均方根波浪轨迹速度；A_s 为经验系数，基于水流、推移质和悬移质特性确定；C_D 为仅考虑水流情况下拖曳力系数；β 为水流流线方向底床坡度，当水流流向水深较浅处时为正值，反之为负值；h 为水深；d_{50} 为泥沙中值粒径；z_0 为底床粗糙长度；s 为泥沙相对密度；g 为重力加速度；v 为水体运动黏性系数；$\bar{U}_{cr}$ 为基于 Shield 准则确定的泥沙运动阈值流速，计算公式如下：

$$\bar{U}_{cr} = \begin{cases} 0.19\,(d_{50})^{0.1}\log_{10}\left(\dfrac{4h}{d_{90}}\right) for\, 100 \leqslant d_{50} \leqslant 500\ um \\ 8.5\,(d_{50})^{0.6}\log_{10}\left(\dfrac{4h}{d_{90}}\right) for\, 500 \leqslant d_{50} \leqslant 2\,000\ um \end{cases} \tag{5.13}$$

式中：d_{50} 和 d_{90} 分别为 50 和 90 百分位底床泥沙粒径（单位为 m）；h 为水深。

Soulsby-Van Rijin 泥沙输移模型适用于波流共生情况下水平和斜坡底床上泥沙总输移模拟(Soulsby,1997)。模型的参数化基于两个重要假定：(1) 泥沙的输移方向由水流决定，波浪仅增加泥沙输移幅值。在模型中，波浪对泥沙输移的增强效应通过改进拖曳力系数表达式实现。在拖曳力系数计算时，引入底床粗糙长度与波浪参数的反比关系。基于这一假设，Soulsby-Van Rijin 泥沙输移模型适用于水流主导情况下的泥沙输移，不能模拟与表面波直接相关的泥沙输移(Chen et al.,2015)。(2) 泥沙供给充足，泥沙输移的垂向结构均匀且稳定。基于此，Soulsby-Van Rijin 泥沙输移模型适用于计算平衡态输沙。这一假定并不适用于海岸区域变化的地形和水动力条件。根据 Soulsby(1997)的研究，准平衡假设主要影响悬移质输沙。悬移质输沙对水动力或水深变化的响应要慢于床面输沙。在模型网格相对较粗时，准平衡模型的准确性取决于网格尺度和调整长度尺度的相对值，其中调整长度尺度根据平均流速、水深和泥沙沉降速度计算。本研究的主要目的为探究不考虑地形变化情况下不同风暴过程中 Saco Bay 内输沙潜力，采用 Soulsby-Van Rijin 泥沙输移模型可以合理实现这一目标。

5.4.3 模型构建

本章研究采用 Xie 等(2019)构建的覆盖美国东海岸的波流耦合模型 SWAN+ADCIR，开展美国东北部海岸区域水动力研究。模型非结构网格的构建主要考虑了以下三个方面：(1) 增大 Scotian 陆架侧边界长度，简化边界条件；(2) 合理考虑模型域内共振模式；(3) 解析不同空间尺度下地形和岸线特征。在研究区域 Saco Bay，最小网格分辨率达 10 m，可以准确解析该区域复杂的地形和岸线。在 Saco River 河口，模型网格概化了双导堤工程，可以模拟双导堤工程对 Saco Bay 内波浪、水流和泥沙输移的影响。同时，模型网格也概化了 Saco Bay 内从百米到千米量级的岛屿(图 5.5)。模型网格包括了部分靠近海湾的陆地区域，通过运用 ADCIRC 中的干湿算法，更合理地考虑陆地边界条件。

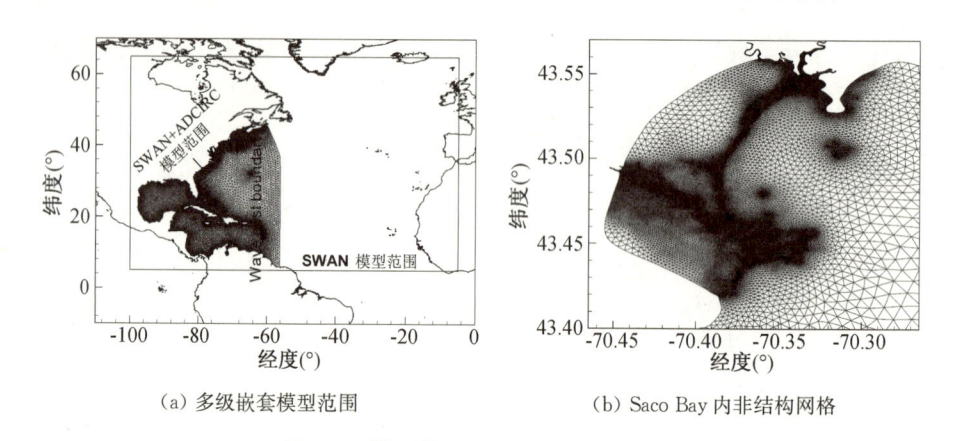

(a) 多级嵌套模型范围　　　　　(b) Saco Bay 内非结构网格

图 5.5　模型范围与非结构网格示意图

在波流耦合模型 SWAN+ADCIRC 中，采用海表 10 m 高度处的风场和海平面气压场作为气象输入条件。针对 1991 年 10 月"完美风暴"和 2007 年 4 月"东北风暴"，采用国家环境预报中心(NCEP)的再分析气象资料(CFSR)(Saha et al.,2010)作为驱动气象条件。对于 2015 年 1 月"北美风暴"，采用 NCEP 气候预报系统第 2 版气象资料(CFSv2)(Saha et al.,2014)作为驱动气象条件。两套数据集均由同一准全球的大气模式生成。该大气模式耦合了大气、海洋、陆地表面和冰，同时包含两套数据同化系统和两种预报模式。CFSR 数据集的时间覆盖范围为 1979 年到 2011 年，CFSv2 数据集是对 CFSR 数据集在 2011 年后的扩展。两个数据集的网格分辨率均为 0.5°，以每小时的频率输出全球范围内的海表面 10 m 高度处风场和海平面气压场。

在模型开边界处，采用三场风暴期间的主要天文潮分潮调和常数和波浪谱驱动模型。采用 8 个天文潮分潮(M_2、S_2、N_2、K_2、K_1、P_1、O_1 和 Q_1)调和常数作为水位边界条件，天文潮调和常数由全球海洋潮汐模型 TPXO(Egbert et al.,1994)插值获取。构建覆盖北大西洋的波浪模型，为本章 SWAN+ADCIRC 耦合模型提供波浪边界条件[图 5.5(a)，Xie et al.,2019]。

根据 Farrell(1972)、Barber(1995) 和 Kelley 等(2005)的研究,在海湾底床主要为砂质的区域,泥沙的中值粒径和 90 百分位粒径分别取值为 250 μm 和 500 μm,用于计算底床切应力和输沙率。本章研究主要聚焦于 Saco Bay 内泥沙输移机制和潜力,不考虑风暴过程中地形的变化,因此可以在研究区域内采用同一泥沙粒径。同时,参考 Barber(1995) 绘制的 Saco Bay 内海底地质图,在底床以淤泥、砾石和基岩为主的区域,不考虑泥沙输移。

为了分析风暴期间天文潮、风生流、波浪及波流相互作用对泥沙输移的作用机制,进行四组数值模拟试验:(1)仅考虑天文潮过程的数值模拟;(2)不考虑波浪作用的水动力模拟;(3)不考虑水位变化和水流的波浪模拟;(4)考虑波流相互作用的数值模拟。

5.5 水动力模拟结果与讨论

本节分析三场风暴峰值时刻的水动力情况。比较不同风暴过程中 Saco Bay 内潮流、风生流和波生流的幅值和分布;同时,分析湾内波浪场的分布特征。在此基础上,讨论不同风暴过程中波浪、风暴潮和地形的相互作用。

5.5.1 2007 年 4 月"东北风暴"

2007 年 4 月"东北风暴"期间,Saco Bay 内风暴增水和有效波高在 4 月 16 日 14:30 UTC 时达到峰值,此时天文潮位处于高潮位附近(图 5.6)。图中阴影标注出峰值增水和有效波高出现前后的两个天文潮周期(4/16 8:30 UTC 时至 4/17 9:30 UTC 时),计算两个天文潮周内的平均流场和输沙潜力。

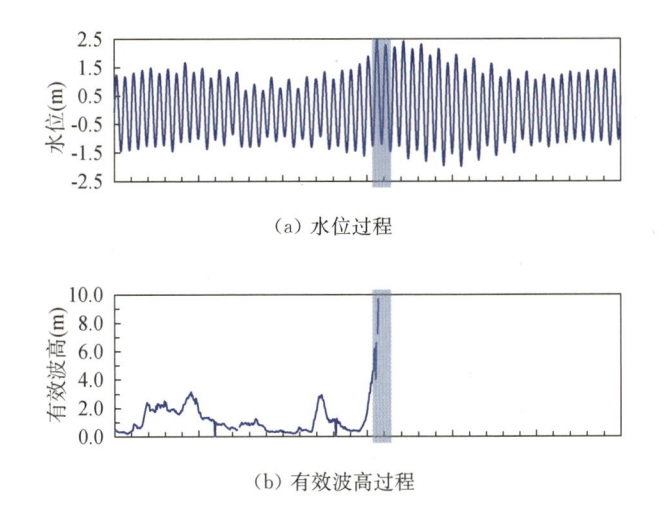

(a) 水位过程

(b) 有效波高过程

(c) 谱峰周期

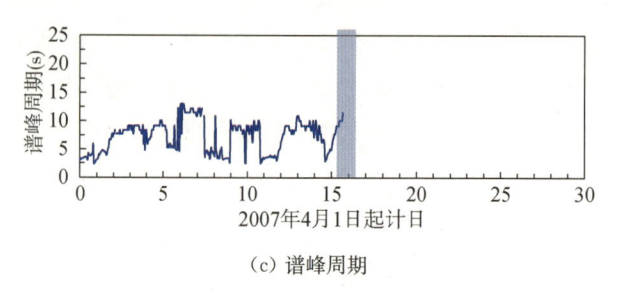

阴影部分为风暴峰值时段

图 5.6　2007 年 4 月"东北风暴"期间 Saco Bay 附近 8418150 水位测站处水位和 44007 波浪浮标处波浪特征参数

图 5.7 为风暴峰值时刻 Saco Bay 内潮流场，此时天文潮处于高潮位附近。除了 Saco River 河口双导堤至上游区域以及 Scarborough River 内，湾内其他区域潮流流速极小。在 Saco River 河口双导堤至上游区域以及 Scarborough River 内，在河口断面缩窄的作用下，潮流流速达 0.2 m/s。在 Scarborough River 和 Saco River 北导堤间的沿海区域，潮流流速均小于 0.02 m/s。

Saco Bay 内风生流的幅值比潮流高一个数量级，在湾内大部分区域达 0.25 m/s[图 5.7(b)]。最大风生流流速超过 1.0 m/s，出现在 Saco River 河口双导堤之间以及 Eagle Island 和 Wood Island 岛屿附近。Saco River 河口双导堤间风生流增强的主要由过水断面迅速缩窄导致。在 Eagle Island 和 Wood Island 岛屿附近，主要有两个因素导致风生流增强：(1) 水流的福聚效应；(2) 岛屿附近地形条件复杂。在 Scarborough River 和 Bay View 之间，风生流向南流动。在 Bay View 以南的沿海区域，南向风生流逐渐向离岸方向偏转，并最终与 Bay View 南部的顺时针流场汇合。在 Bay View 和 Saco River 河口北导堤之间，风生流呈顺时针旋转。在南向风生流和顺时针流场之间部分区域，风生流可以忽略不计。

波生流与海湾内地形和岸线形态紧密相关(图 5.7)。在湾内岛屿附近，波生流强度较大，幅值超过 1.0 m/s。在 Saco Bay 北部，从 Prouts Neck 向南波生流呈逆时针方向旋转，并与 Bluff Island 和 Stratton Island 周围的顺时针波生流汇合。部分由向岸的西北向波生流在近岸区域向西南方向偏转，在 Saco Bay 中部与由南向北的波生流汇合，并向离岸方向偏转。在 Saco Bay 南部，波生流向北流动。在 Ferry Beach 和 Goosefare Brook 沿海区域，北向波生流幅值达 0.6 m/s。在岛屿和岬角附近，波生流增强，主要由附近波高分布导致。在岛屿和岬角附近，水深变化剧烈，导致波浪迅速破碎，波高剧烈变化，形成强波浪辐射应力和辐射应力梯度。与此同时，波浪在岬角处辐聚，在湾内辐散，导致辐射应力由岬角指向湾内，形成波生流由岬角流向湾内的格局。

总水深平均流场综合考虑了潮流、风生流、波生流及不同组分间的非线性相互作用。2007年4月"东北风暴"峰值时刻的总水深平均流场分布如图 5.7(d)所示。在沿海区域,总水深平均流速主要由风和波浪两个过程驱动,由南向北可以分为三个部分。在 Saco Bay 北部,水流主要由波浪过程驱动。在 Pine Point 附近,由 Prouts Neck 而来的南向水流分成离岸部分和南向部分。南向水流在到达 Goosefare Brook 之后,向离岸方向偏转。在 Saco Bay 中部岸线,水深平均水流由风生流主导。在 Goosefare Brook 以南,水深平均水流向北流动,并与来自 Saco Bay 北部的波生流主导水流汇合。导致这一过程出现的原因为岬角及其邻近区域波高变化,产生指向湾内的辐射应力。在离岸区域,水深平均流场与波生流场近似,但是通过与风生流叠加,总水深平均流速大于波生流流速。

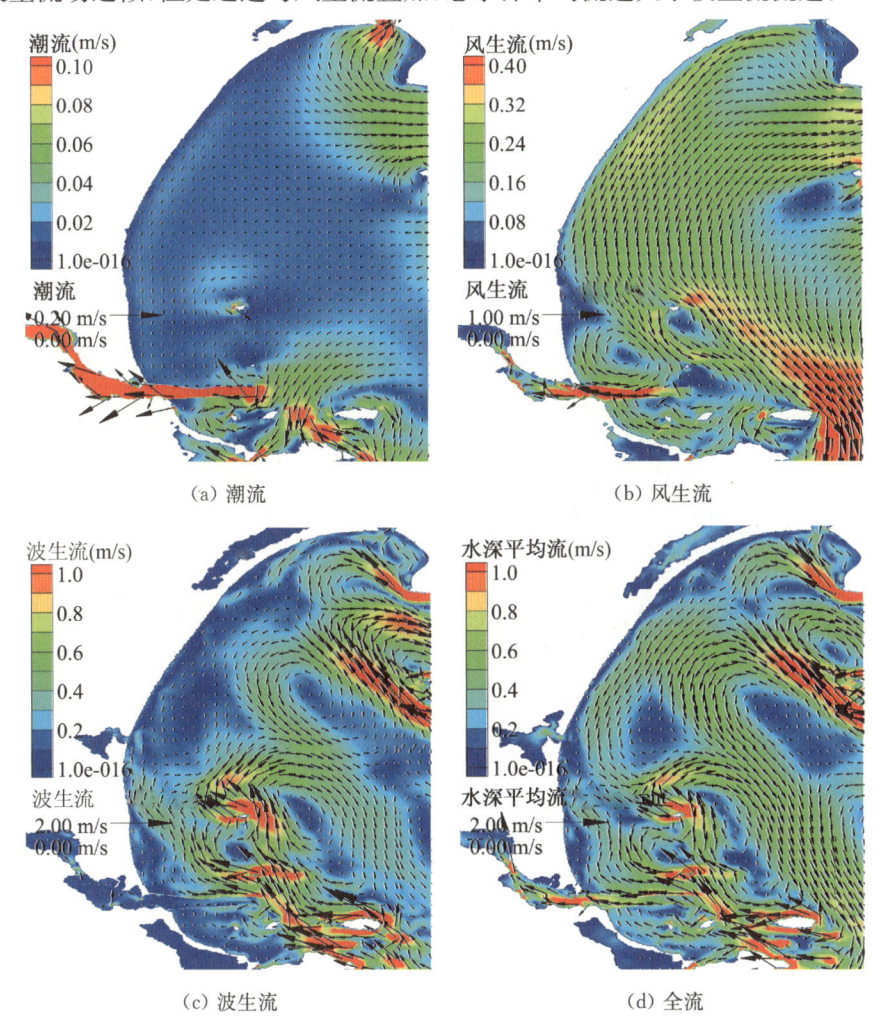

(a) 潮流

(b) 风生流

(c) 波生流

(d) 全流

图 5.7　2017 年 4 月 16 日 1430UTC 时风暴峰值流场

图 5.8(a)为 2007 年 4 月"东北风暴"峰值时刻 Saco Bay 内有效波高和谱峰周期分布。波浪由东向和东北向传播入 Saco Bay。在近海区域,有效波高达 7.0 m。当波浪向浅水区域传播时,波浪能量经底摩阻和波浪破碎耗散。在湾内地形和岸线形态的共同作用下,波浪经浅水变形、折射和绕射进行能量重分配。在 Saco Bay 北部 Bluff Island 和 Stratton Island 附近,波浪经绕射和破碎,有效波高迅速减小。在 Saco Bay 南部,同样的现象也发生在 Eagle Island 和 Wood Island 周围。在 Saco Bay 中部,水深等深线较平滑,且平行于岸线,较大的波浪可以传播至离岸线更近区域。

图 5.8(b)为风暴峰值时刻底床波浪轨迹速度。底床波浪轨迹速度受波高、波周期和水深的影响。底床波浪轨迹速度随波高线性增大,随着波周期呈双曲正切函数增大,随着水深呈指数减小。在 Saco Bay 内,底床波浪轨迹速度较大的区域位于岛屿附近,幅值达 1.6 m/s,主要由岛屿附近水深突变所致。在海湾中部,底床波浪轨迹速度幅值中等。在水深为 5.0～10.0 m 的区域,底床波浪轨迹速度达 1.4 m/s。在水深小于 5.0 m 的区域,波高迅速减小,导致底床波浪轨迹速度相应减小。Saco Bay 内底床波浪轨迹速度的分布特征对泥沙输移影响显著。

(a) 波高、周期和波向　　　　(b) 海床波浪轨迹速度

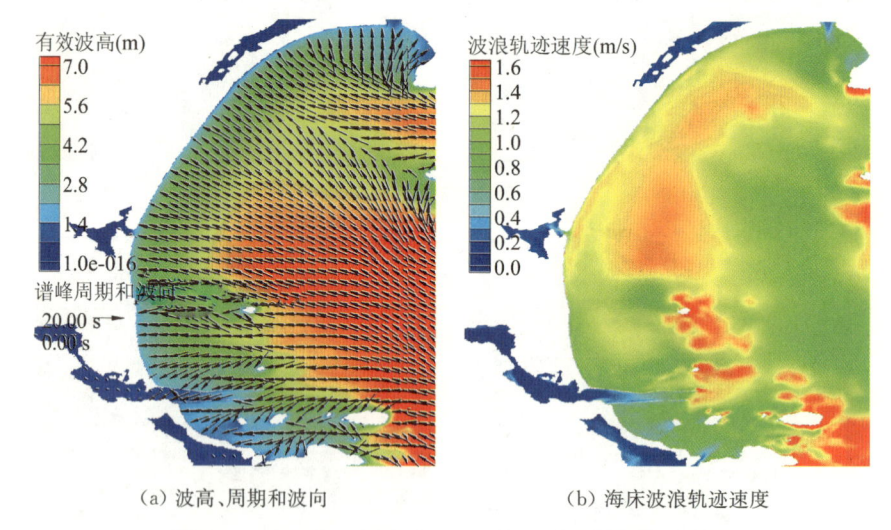

图 5.8　2017 年 4 月 16 日 1430UTC 时风暴峰值波浪场

5.5.2　1991 年 10 月"完美风暴"

1991 年 10 月"完美风暴"期间,风暴潮和有效波高在 10 月 30 日 23:30UTC 时达到峰值,此时天文潮相位为高潮位后两小时(图 5.9)。图中阴影标注的时

间范围为出现高风暴增水和波浪前后两个天文潮周期(10月30日14:00 UTC时至10月31日15:00 UTC时)。

(a) 水位过程

(b) 有效波高过程

(c) 谱峰周期

阴影部分为风暴峰值时段

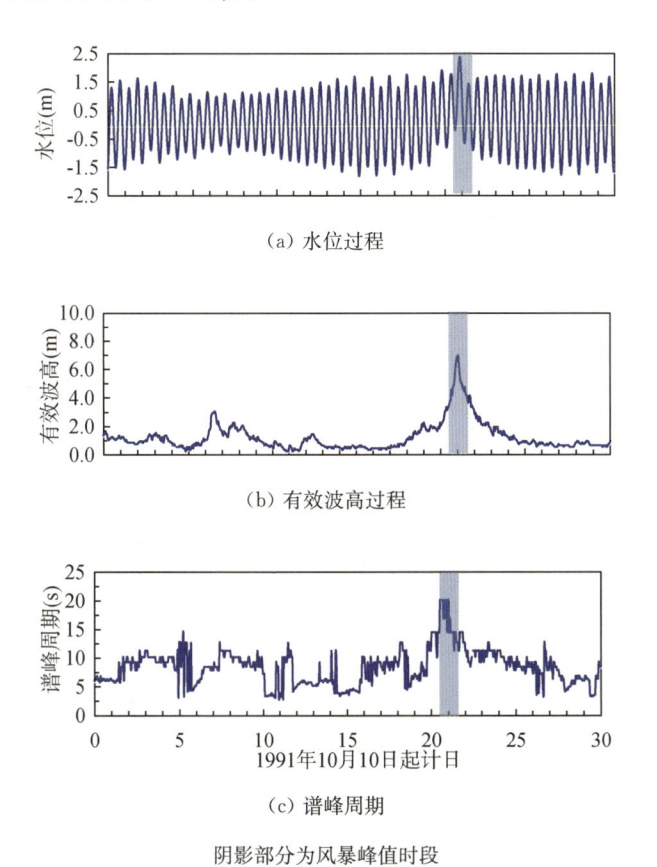

图 5.9 1991 年 10 月"完美风暴"期间 Saco Bay 附近 8418150 水位测站处水位和 44007 波浪浮标处波浪特征参数

风暴峰值时刻,除了 Saco River 河口双导堤工程内和 Scarborough River 河口区域,海岸附近潮流流速均小于 0.03 m/s。离岸区域潮流流速介于 0.03～0.06 m/s 之间。在 Wood Island 和 Fletcher Neck 附近,潮流流速显著增强,达 0.2 m/s。

与 2007 年 4 月"东北风暴"相比,1991 年 10 月"完美风暴"峰值时刻的风生流场有所不同[图 5.10(b)]。除了 Prouts Neck 和 Saco River 河口南导堤附近,风生流在水深小于 15.0 m 区域的分布较为均匀,以 0.2 m/s 左右的速度向南流动。在水深大于 15.0 m 的区域,风生流逐渐减小至可忽略不计。在 Saco Bay 内,并不存在由风驱动的环流。

1991 年 10 月"完美风暴"峰值时刻波生流场与 2007 年 4 月"东北风暴"相

似[图 5.10(c)]。与 2007 年 4 月"东北风暴"的差异主要表现为 Prouts Neck 附近的波生流分布。在 Prouts Neck 附近生成的波生流沿海岸向西南方向流动，然后向东南方向偏转。Bluff Island 与 Stratton Island 周围的顺时针环流在海岸附近分离，与东南向波生流汇合。在 Old Orchard Beach 和 Goosefare Brook 之间，海岸处波生流可以忽略不计。在南部 Fletcher Neck 至 Goosefare Brook，波生流沿海岸向北流动。在此区域，波生流经 Fletcher Neck 向北流动的过程中，在海岛附近得到增强。在 Eagle Island 附近，顺时针的波生流在向东流动时，与海湾北部的东南向波生流汇合。

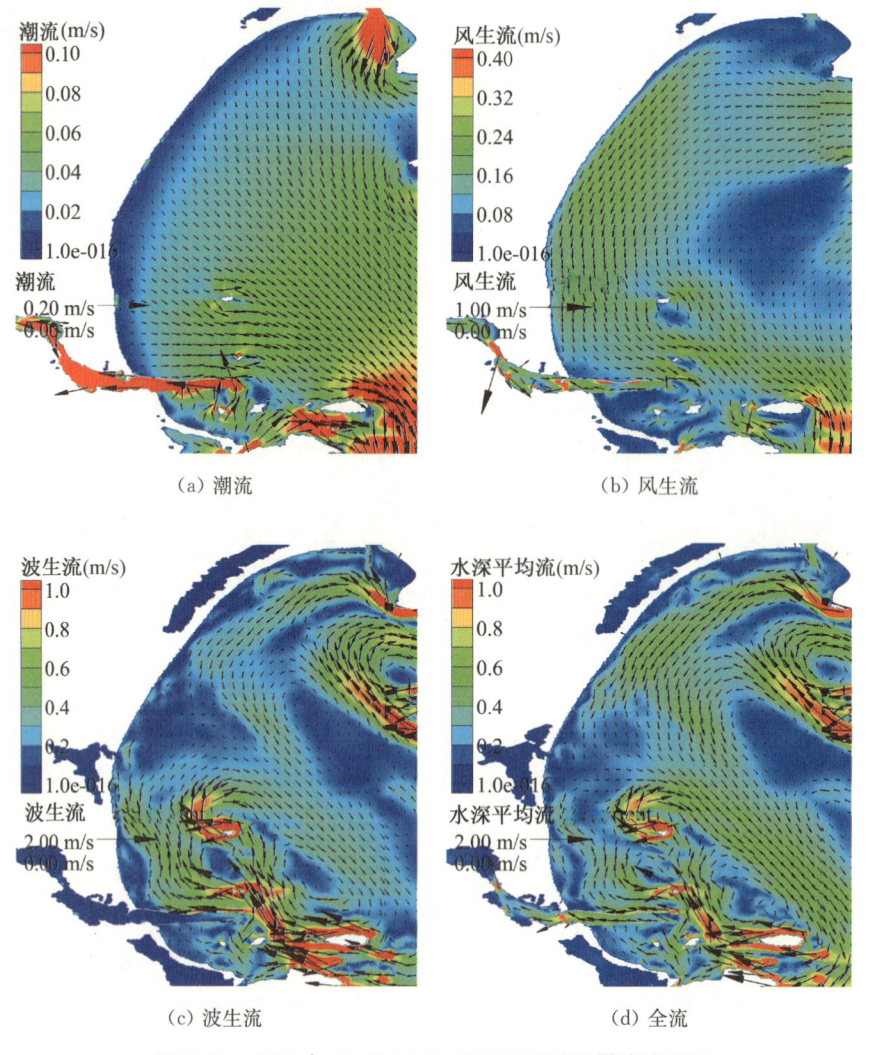

(a) 潮流

(b) 风生流

(c) 波生流

(d) 全流

图 5.10 1991 年 10 月 30 日 2330UTC 时风暴峰值流场

图 5.10(d)为 1991 年 10 月"完美风暴"峰值时刻总水深平均流场。总水深平均流场分布与波生流场类似,但是在潮流和风生流作用下,存在局部增强或者减弱。在海湾北部 Prouts Neck 和 Old Orchard Beach 之间,沿海波生流和风生流方向一致,总水深平均水流增强。在 Goosefare Brook 和 Saco River 河口之间,波生流与风生流方向相反,总水深平均水流减弱。在离岸区域,总水深平均水流主要因受到潮流的影响而增强。

风暴峰值时刻 Saco Bay 内波浪分布如图 5.11 所示,该时刻 Saco Bay 内的波浪分布与 2007 年 4 月"东北风暴"峰值时刻相似,但是幅值比后者小。在离岸区域,有效波高略小于 7.0 m,主要为东南向来波。波浪向湾内传递时折射显著,波向逐渐与水深等深线和岸线垂直。相较于 2007 年 4 月"东北风暴",1991年 10 月"完美风暴"峰值时刻谱峰周期更大,表明此时波浪更大,对水深较大区域的底床可以产生显著影响。

1991 年 10 月"完美风暴"峰值时刻,Saco Bay 内底床波浪轨迹速度也呈现出与 2007 年 4 月"东北风暴"相似的分布特征。在 1991 年 10 月"完美风暴"峰值时刻,由于离岸区域生成波浪较小,Saco Bay 湾内波高也相对较小,但是波周期更大。由于波浪轨迹速度同时随波高和波周期增大,波周期增大引起的波浪轨迹速度增大可以抵消波高减小的效应。在 1991 年 10 月"完美风暴"峰值时刻,波周期增大引起波浪轨迹速度增大,导致此时底床波浪轨迹速度大于 2007年 4 月"东北风暴"相应值。

(a) 波高、周期和波向　　(b) 海床波浪轨迹速度

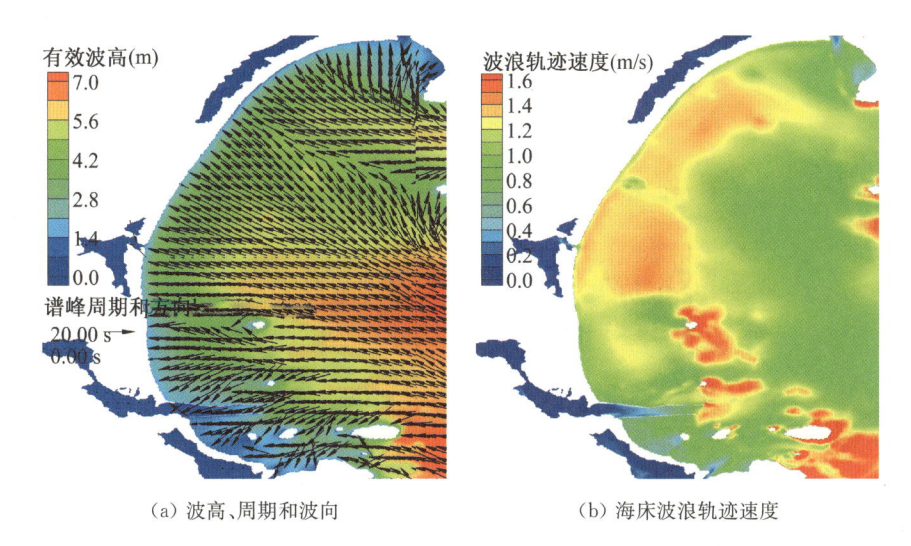

图 5.11　1991 年 10 月 30 日 2330UTC 时风暴峰值波浪场

5.5.3　2015年1月"北美风暴"

在 2015 年 1 月"北美风暴"期间,Saco Bay 内风暴增水在天文潮落憩后一个小时(1 月 27 日 13:30 UTC 时)达到峰值,波高在天文潮涨憩附近(1 月 27 日 18:00 UTC 时)达到峰值(图 5.12)。图 5.12 中阴影标注的时间范围为出现高风暴增水和波浪前后两个天文潮周期(1 月 27 日 6:00 UTC 时至 1 月 28 日 15:00 UTC 时)。2007 年 4 月"东北风暴"和 1991 年 10 月"完美风暴"期间的 Saco Bay 内风暴增水与波高峰值同时出现或者出现时间接近。2015 年 1 月"北美风暴"则不同,Saco Bay 内风暴增水峰值与波高峰值出现的时间间隔为 4.5 h。本章 5.6 节的分析表明,输沙峰值与波高峰值同步出现,因此,本节对波高达到峰值的时刻(1 月 27 日 18:00 UTC)的流场和波浪场进行分析。

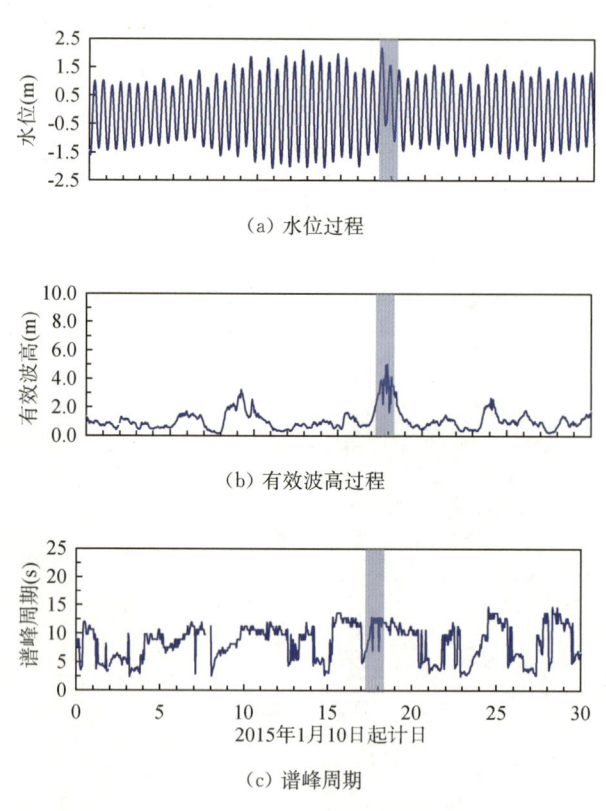

(a) 水位过程

(b) 有效波高过程

(c) 谱峰周期

阴影部分为风暴峰值时段

图 5.12　2015 年 1 月"北美风暴"期间 Saco Bay 附近 8418150 水位测站处水位和 44007 波浪浮标处波浪特征参数

风暴峰值时刻天文潮相位位于涨憩附近,此时海水涌入 Saco Bay,湾内潮流流速达到最大[图 5.13(a)]。在海湾北部和南部,潮流速度均达到较大幅值。北部 Scarborough River 河口断面缩窄,潮流流速达 0.1 m/s。南部 Saco River 河口发生同样的过程。在海湾中部,潮流流速由离岸区域的 0.06 m/s 减小至海岸区域的 0.02 m/s。

2015 年 1 月"北美风暴"期间,Saco Bay 内风生流显著,幅值达 0.4 m/s[图 5.13(b)]。在 Prouts Neck 附近,风生流主要沿岸流动,但是存在局部环流。在 Pine Point 和 Saco River 之间,风生流由海岸向离岸方向逐渐减小。但是在岛屿附近,风生流在质量守恒作用下增强。在海岸区域,风生流流速达 0.4 m/s。在北部 Bluff Island 和 Stratton Island 与中部 Eagle Island 之间局部区域,风生流可以忽略。风生流减弱的主要原因有两方面:(1) Bluff Island 和 Stratton Islands 的遮挡效应;(2) 局部水深较大。

2016 年 1 月"北美风暴"峰值时刻,Saco Bay 内波生流分布与 1991 年 10 月"完美风暴"和 2007 年 4 月"东北风暴"峰值时刻波生流场相似[图 5.13(c)]。

在 Saco Bay 海岸区域,北部 Prouts Neck 附近和南部 Saco River 以北,波生流流速较大。在 Prouts Neck 附近,波浪能量在岬角处辐聚,在相邻凹形海岸线处辐散,产生沿岸方向辐射应力梯度,作用于水流,导致波生流由岬角处向湾内流动。在南部 Fletcher Neck 附近,波生流在波浪能量不均匀分布的作用下向湾内流动,但是在岛屿的作用下流场分布更为复杂。在 Eagle Island 附近,出现局部环流。除此以外,波生流由 Saco River 以北向北流动。源自海湾北部和南部的波生流在中部交汇,流向离岸方向。

2017 年 1 月"北美风暴"峰值时刻,总水深平均流速由风生流和波生流主导[图 5.13(d)],但是这两种不同机制生成的水流在海岸和离岸区域的贡献并不一致。在北部 Prouts Neck 至 Pine Point 沿海,波浪辐射应力梯度较大,此时波生流占主导地位。在 Pine Point 至 Bay View 之间,风生流起主导作用,水流主要向南流动。在 Bay View 和 Saco River 之间,风生流和波生流方向相反,部分抵消了彼此的作用,水流在风的作用下向南流动。同时,该区域还存在一个逆时针环流场,流速达 0.3 m/s。在 Eagle Island 以北局部区域,波生流和风生流相互抵消,水流可以忽略不计。在 Eagle Island 离岸区域,水流在质量守恒的作用下向离岸方向流动。

(a) 潮流

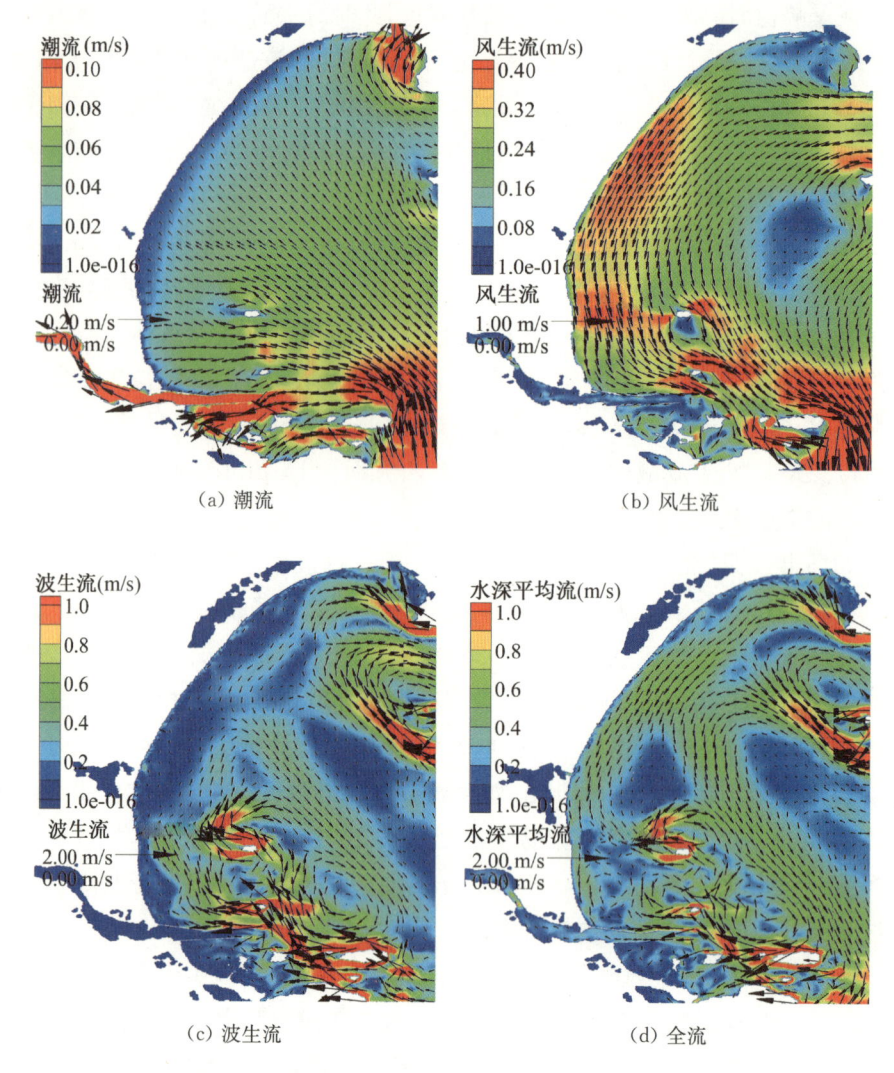

(b) 风生流

(c) 波生流

(d) 全流

图 5.13　2015 年 1 月 27 日 1800UTC 时风暴峰值流场

在风暴峰值时刻,Saco Bay 内波浪分布与 1991 年 10 月"完美风暴"峰值时刻波浪场相似[图 5.14(a)]。在离岸区域,有效波高达 7.0 m。波浪向近岸传递过程中,由于水深逐渐变浅,波浪能量经底摩阻耗散,波高逐渐减小。虽然 2015 年 1 月"北美风暴"和 1991 年 10 月"完美风暴"期间离岸区域有效波高分布类似,但是 2015 年 1 月"北美风暴"期间海岸区域有效波高较小。导致海岸区域出现波高较小情况的主要原因是天文潮位对波高的调节作用。在 1991 年 10 月"完美风暴"期间,有效波高在天文高潮位两小时后达到峰值,此时水位位于平均海平面以上;但是 2015 年 1 月"北美风暴"期间有效波高峰值出现在涨憩时刻,此时水位位于平均海平面附近。

风暴峰值时刻底床波浪轨迹速度分布如图 5.14(b)所示,此刻底床波浪轨迹速度分布与另两场风暴峰值时刻的底床波浪轨迹速度基本一致。在海岸区域,受到天文潮位的调节作用,底床波浪轨迹速度较另外两场风暴峰值时刻的底床波浪轨迹速度小。

(a) 波高、周期和波向　　(b) 海床波浪轨迹速度

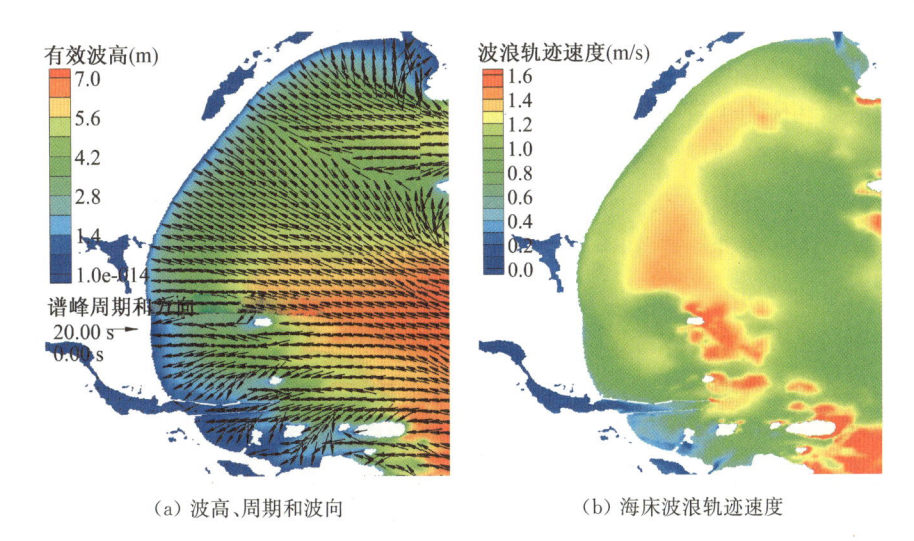

图 5.14　2015 年 1 月 27 日 1800UTC 时风暴峰值波浪场

5.6　泥沙输运模拟结果

本节讨论和分析三场风暴峰值时刻泥沙输沙率模拟结果。通过计算流致底床应力、波致底床应力和波流共同作用下底床应力,确定 Saco Bay 内泥沙输移主控机制。分别计算波流共同作用下最大和平均底床应力,确定泥沙起动和扩散的阈值。同时,比较水位、波浪、水流和泥沙输沙率时间序列,确定不同水动力过程对泥沙输移的作用。如 5.4.3 节所述,本节仅考虑 Saco Bay 内泥沙占主导区域的泥沙输移。

5.6.1　输沙峰值

5.6.1.1　2007 年 4 月"东北风暴"

在 Saco Bay 内,水深小于 10~15 m 区域内底床主要为砂质,本章分析该区域底床切应力和泥沙输沙率。在仅考虑水流的情况下,底床切应力由式(5.3)计算,此时 Saco Bay 内底床切应力分布与水深平均流场一致[图 5.15(a)]。在海

岸水深较浅区域,底床切应力较大;在离岸水深较大区域,底床切应力则较小。最大底床切应力发生在水深平均流速最大处。在 Prouts Neck 附近,底床切应力最大约为 0.3 N/m²。在 Eagle Island 以北和 Saco River 河口北导堤处,底床切应力也较大。在其他区域,底床切应力幅值小于 0.15 N/m²。

在仅考虑波浪的情况下,底床切应力与底床波浪轨迹速度分布相似[图5.15(b)]。在 Old Orchard Beach 和 Goosefare Brook 之间水深 10~15 m 的区域,底床切应力达 5.5 N/m²。在水深为 5~10 m 区域,底床波浪轨迹速度较小,相应底床切应力也较小。在水深小于 5 m 的区域,较小的水深抵消了波高减小对底床波浪轨迹速度的影响,底床切应力增大。在湾内其他区域,底床切应力约为 3.0 N/m²。

在波流非线性相互作用下,波流共生情况下的底床切应力大于波流单独存在时底床切应力的线性叠加。波流共生情况下的底床切应力由式(5.2)计算,此时底床切应力分布与仅考虑波浪情况下的底床切应力分布相似,但是由于波浪和水流的非线性增强作用,前者的幅值大于后者[图5.15(c)]。在 Pine Point 和 Goosefare Brook 之间,最大底床切应力为 6.0 N/m²。在 Saco River 河口北导堤以北,底床切应力也较大。在其他区域,最大底床切应力约为 4.0 N/m²。最大底床切应力决定了泥沙起动阈值和泥沙卷吸率。在海岸区域,波浪是泥沙起动的主要因素,因此波流共生情况下的最大底床切应力分布与波浪单独存在时的底床切应力分布具有较好相关性。

波流共生情况下一个波浪周期内平均底床切应力由式(5.1)计算,此时的平均底床切应力分布如图5.15(d)所示。波流共生情况下的平均底床切应力分布与仅有水流情况下的底床切应力分布近似[图5.15(d)]。在 Prouts Neck 附近、Eagle Island 以北和 Saco River 河口北导堤处,平均底床切应力达到最大值,约为 1.1 N/m²。在 Old Orchard Beach 近海 5~10 m 水深处,平均组合切应力略低,为 0.9 N/m²。海湾其他地区的平均联合切应力适中,甚至可以忽略不计。在 Old Orchard Beach 离岸 5~10 m 水深处,平均底床切应力略小,幅值约为 0.9 N/m²。在湾内其他区域,平均底床切应力较小或可以忽略不计。

图5.15(e)为 2007 年 4 月"东北风暴"峰值时刻波流共生情况下 Saco Bay 内泥沙输沙率分布。湾内泥沙输沙率分布与平均切应力和水深平均流速分布吻合良好。在 Prouts Neck 和 Ocean Park 之间,泥沙沿岸向西南方向移动,达 0.008 m³/m·s。在 Ocean Park 附近,泥沙输移分裂为继续沿岸分量和向南离

(a) 流致切应力

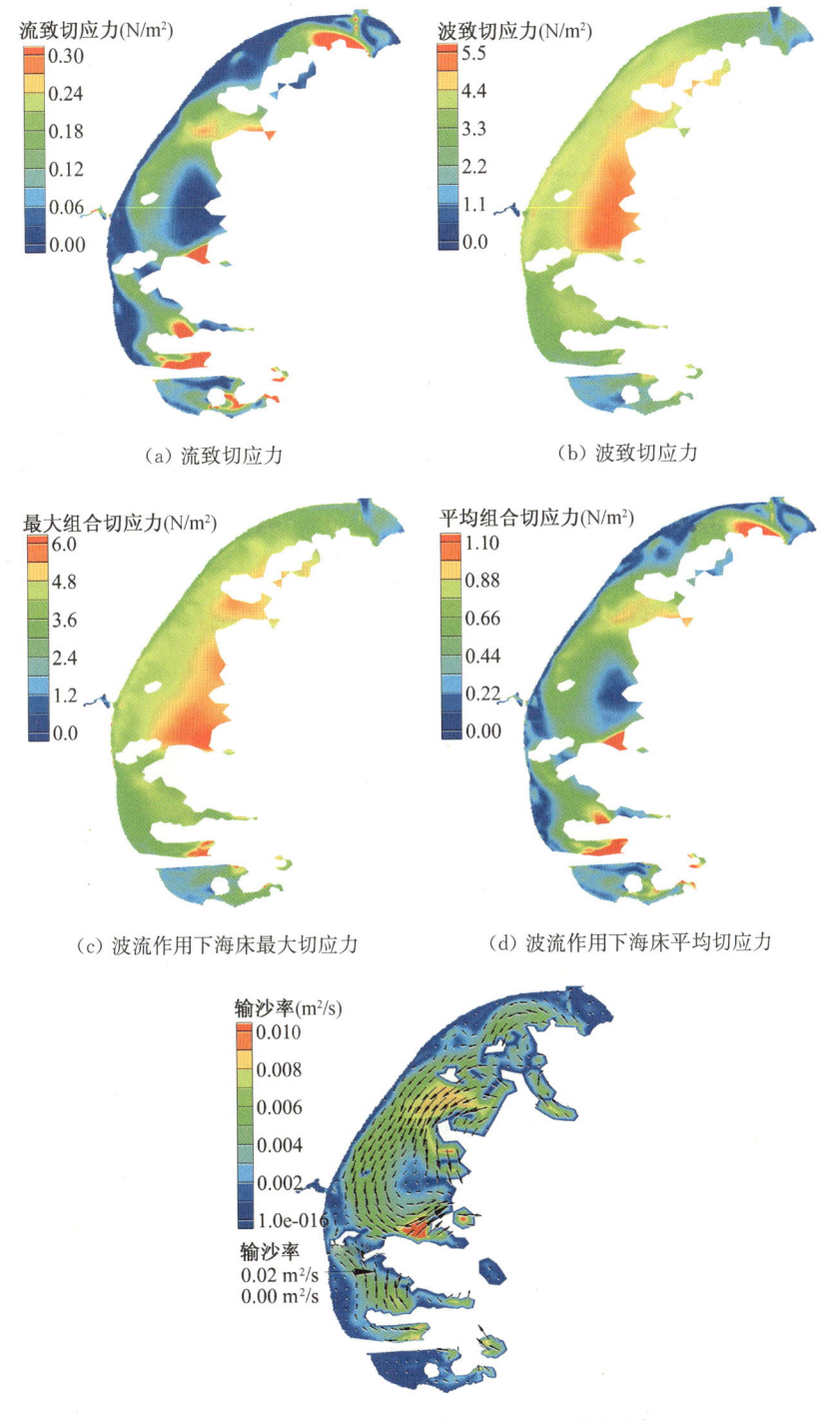

(b) 波致切应力

(c) 波流作用下海床最大切应力

(d) 波流作用下海床平均切应力

(e) 2007年4月16日1430UTC时风暴峰值输沙率

图 5.15　海床切应力和输沙率

岸分量。沿岸输沙输移在 Goosefare Brook 以南向离岸 Eagle Island 以北偏转，此时输沙率达到最大值 0.01 m³/m·s。在 Saco River 河口北导堤与 Bay View 之间，泥沙沿岸向北输移，并与来自海湾北部的南向泥沙输移汇合，形成离岸向东的泥沙输运。

为确定 Saco Bay 泥沙输移的主导水动力过程，在湾内北部 10 m 等深线处选取点 A[图 5.1(c)]，输出风暴过程中该点位处天文潮位、风暴增水、有效波高、底床波浪轨迹速度、潮流、风生流和波生流时间序列(图 5.16)。2007 年 4 月 "东北风暴"期间，增水峰值出现在天文潮涨憩附近，而有效波高峰值则出现在高潮位附近。底床波浪轨迹速度与有效波高过程线相位一致。泥沙输沙率峰值 (0.01 m³/m·s)出现在 4 月 16 日 15:00 UTC 时至 20:00 UTC 时，此间底床波浪轨迹速度和水深平均流速分别达到峰值，其中底床波浪轨迹速度由 1.2 m/s 逐渐减小至 1.0 m/s，而水深平均流速由 0.4 m/s 逐渐增大至 0.6 m/s。这一结果表明，在 A 点处的波浪和水流均对泥沙输移有重要贡献。另一方面，总水深平均水流主要由波浪和风驱动，且波浪作用较风的作用略强，而潮流速对总水深平均流速的贡献可以忽略不计。当总水深平均流速达 0.6 m/s 的峰值时，波生流流速为 0.4 m/s，风生流流速略小于 0.2 m/s。

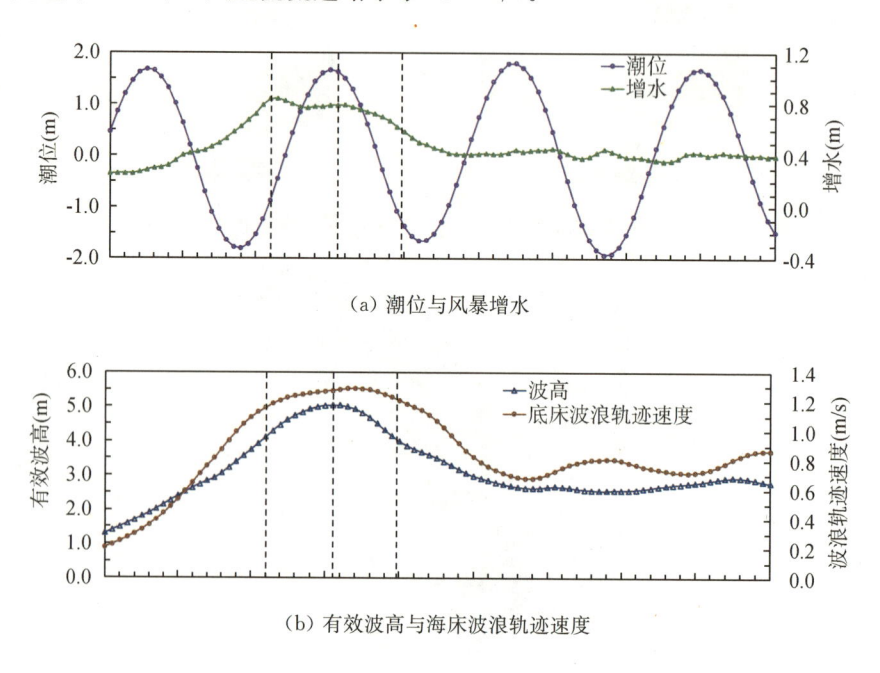

(a) 潮位与风暴增水

(b) 有效波高与海床波浪轨迹速度

(c) 不同流速成分与输沙率

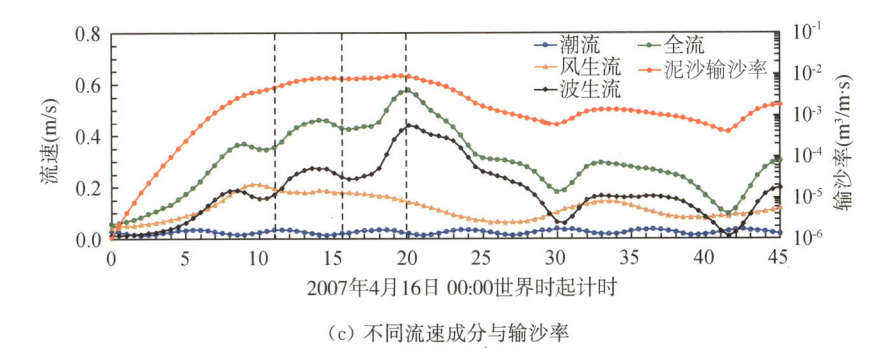

三条黑色虚线分别代表增水峰值、波浪轨迹速度峰值和输沙率峰值

图 5.16 2007 年 4 月"东北风暴"期间 A 点处水位、波浪、流速和输沙率过程线

5.6.1.2 1991 年 10 月"完美风暴"

在仅考虑水流的情况下,1991 年 10 月"完美风暴"峰值时刻的 Saco Bay 内底床切应力分布与 2007 年 4 月"东北风暴"相似,但是大部分区域幅值较后者小[图 5.17(a)]。在 Prouts Neck 和 Old Orchard Beach 间水深小于 5.0 m 的区域,水深平均水流基本可以忽略,相应区域底床切应力也可以忽略不计。在 Old Orchard Beach 沿海,局部区域底床切应力达 0.27 N/m²,并沿岸向南逐渐减小。在 Ocean Park 和 Bay View 之间,水深平均水流较小,相应底床切应力可以忽略不计。在 Eagle Island 以北以及 Saco River 河口北导堤附近,底床切应力达到最大值,约为 0.3 N/m²。

1991 年 10 月"完美风暴"峰值时刻的波致底床切应力比流致底床切应力大一个数量级[图 5.17(b)]。在海湾中部,水深较大,大浪可以传播至离岸线更近的区域,因此该区域波致底床切应力相应较大(4.4~5.0 N/m²)。在海湾北部和南部,海岛和岬角的遮掩作用导致海岸处有效波高显著减小,相应波致底床切应力也较小(2.2~3.3 N/m²)。

图 5.17(c)为波流共同作用下的最大底床切应力分布。在 Eagle Island 以北和 Saco River 河口北导堤附近,由于波流相互作用的增强效应,相应区域最大底床切应力也增强。在 Eagle Island 以北,最大底床切应力达 6.0 N/m²。在湾内其他区域,波流共同作用下的最大底床切应力较波致底床切应力增大约 0.5 N/m²。

在湾内波流相互作用的情况下,波流共生情况下的平均底床切应力较流致底床切应力显著增大[图 5.17(d)]。在 Pine Point 和 Ocean Park 之间,平均底床切应力介于 0.5~1.0 N/m² 之间。在 Ocean Park 以南 Ferry Beach 和 Saco River 河口之间,平均底床切应力先减小再增大。在 Eagle Island 以北和 Saco

(a) 流致切应力　　　　　　　　(b) 波致切应力

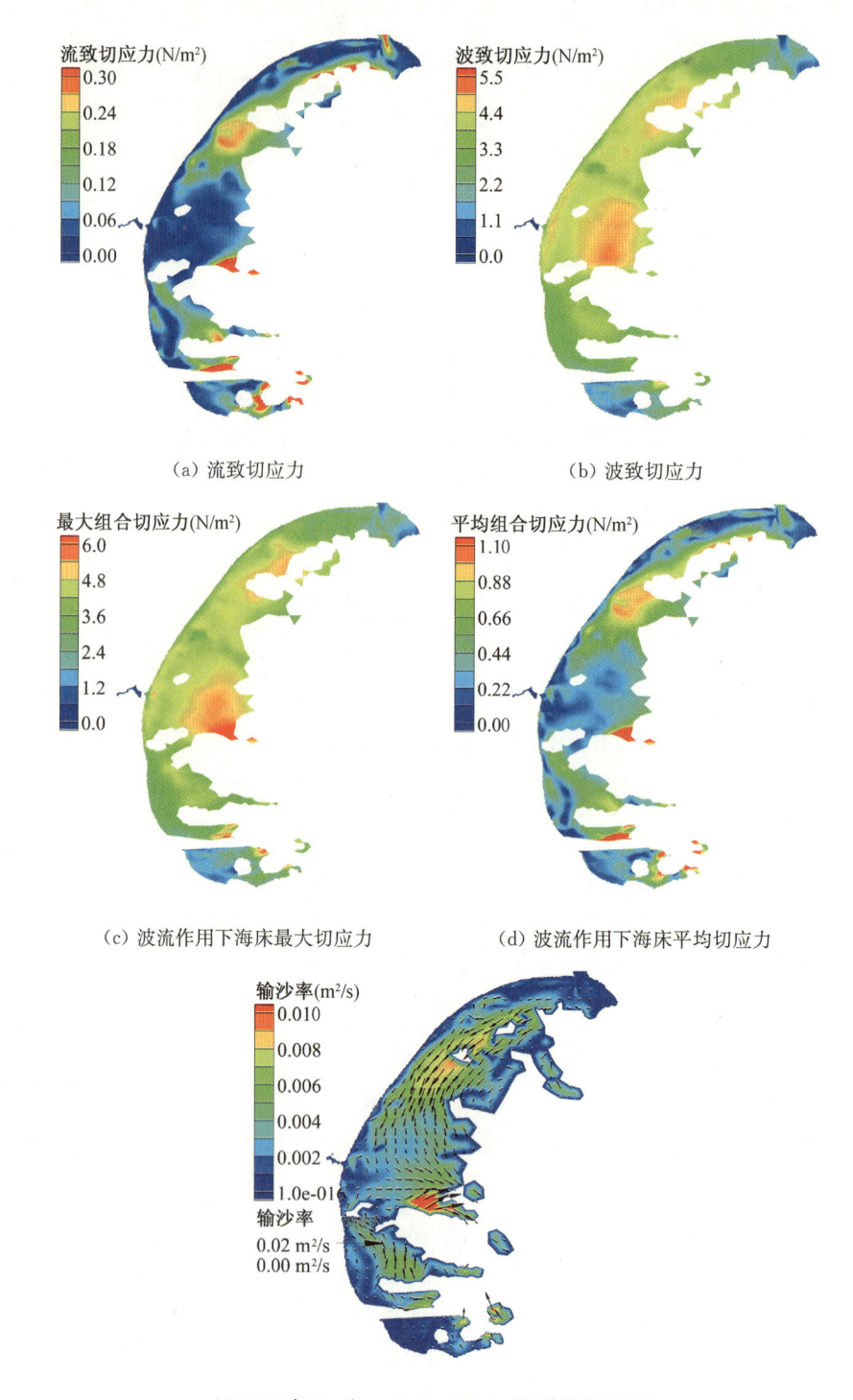

(c) 波流作用下海床最大切应力　　(d) 波流作用下海床平均切应力

(e) 1991 年 10 月 30 日 2330UTC 时风暴峰值输沙率

图 5.17　海床切应力和输沙率

River 河口北导堤附近，平均底床切应力达到湾内最大。

风暴峰值时刻湾内泥沙输沙率如图 5.17(e)所示。在海湾北部 Pine Point 和 Ocean Park 之间，泥沙沿海岸向向西南方向输移。在 Ocean Park 以南，泥沙输沙率逐渐减小，泥沙运动方向逐渐向东偏转。在 Eagle Island 以北，泥沙输沙率达到湾内最大值 0.01 m^3/m·s。在 Saco River 河口北导堤和 Bay View 之间，泥沙先沿海岸向北输移，再逐渐转向离岸方向，并与北部来沙汇合。与 2007 年 4 月"东北风暴"泥沙输移不同的是，1991 年 10 月"完美风暴"峰值时刻在湾内形成两个小尺度泥沙输移特征，可能改变当地泥沙输移模式。在 Pine Point 和 Old Orchard Beach 之间，存在顺时针泥沙输移，泥沙输沙率达 0.004 m^3/m·s。在海湾南部 Saco River 河口北导堤和 Ferry Beach 之间，泥沙输移呈逆时针方向。尽管该逆时针方向泥沙输移幅值较小，但由于受到泥沙输移的累积效应的影响，可能对整个风暴过程中的输沙总量产生显著影响。

在 1991 年 10 月"完美风暴"过程中，A 点处增水、有效波高和泥沙输移峰值发生在 3.5 h 内(图 5.18)。在天文潮的调制以及风暴持续时间的作用下，增水峰值出现在低潮位附近。有效波高和底床波浪轨迹速度峰值出现时间较增水峰值早约 2 h，此时天文潮处于落憩附近。与 2007 年 4 月"东北风暴"有所区别的是，2007 年 4 月"东北风暴"期间 A 点处泥沙输沙率处于峰值的时间较长，约为 9 h，而 1991 年 10 月"完美风暴"期间 A 点处泥沙输沙率呈单峰分布，并与水深平均流速吻合良好。总水深平均水流主要由波生流和风生流组成，并与波生流相位一致。当泥沙输沙率达到峰值(0.01 m^3/m·s)时，总水深平均流速为 0.45 m/s，其中波生流和风生流分别为 0.30 m/s 和 0.15 m/s。潮流对总水深平均水流贡献很小，但是潮位对波生流和泥沙输沙率有显著调制作用。泥沙输沙率达到峰值后随水位反向波动。

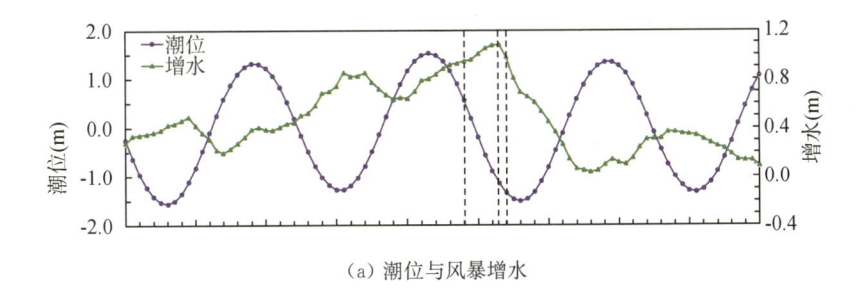

(a) 潮位与风暴增水

(b) 有效波高与海床波浪轨迹速度

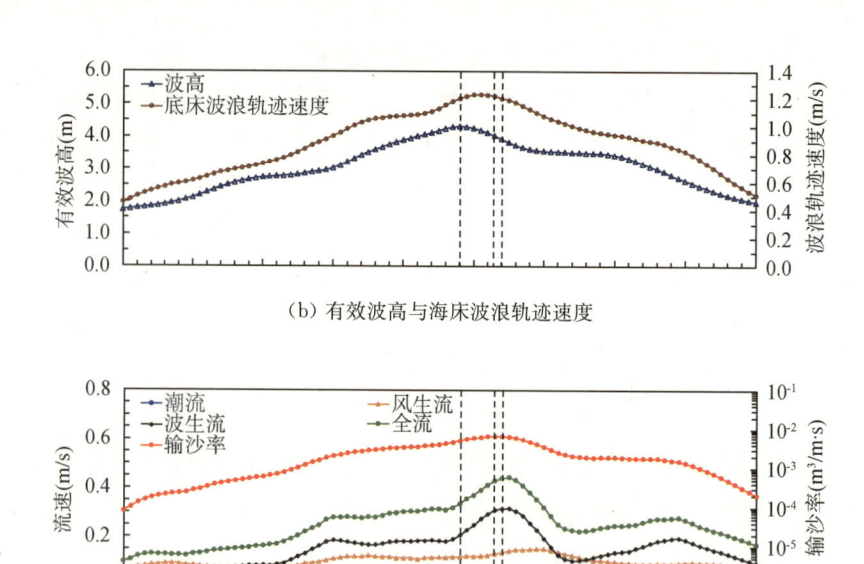

(c) 不同流速成分与输沙率

三条黑色虚线分别代表增水峰值、波浪轨迹速度峰值和输沙率峰值

图 5.18　1991 年 10 月"完美风暴"期间 A 点处水位、波浪、流速和输沙率过程线

5.6.1.3　2015 年 1 月"北美风暴"

2015 年 1 月"北美风暴"峰值时刻，Saco Bay 内流致底床切应力分布与水深平均流场分布吻合良好[图 5.19(a)]。除了 Pine Point 和 Old Orchard Beach 之间，海岸区域底床切应力大于离岸处相应值。在 Prouts Neck 附近、Old Orchard Beach 和 Ocean Park 之间、Eagle Island 以北和 Saco River 河口北导堤附近，流致底床切应力达到最大值 0.3 N/m²。在 Ferry Beach 和 Camp Ellis 之间沿海区域，流致底床切应力较小。

2015 年 1 月"北美风暴"峰值时刻，波致底床切应力较 1991 年 10 月"完美风暴"峰值时刻相应值小，主要因为 2015 年 1 月"北美风暴"期间 Saco Bay 沿岸区域波高较小。5.0～10.0 m 水深处波致底床切应力大于水深小于 5.0 m 区域的相应值。在 Goosefare Brook 离岸区域，波致底床切应力达到最大值 5.0 N/m²。在海岸区域，波致底床切应力介于 2.5～4.5 N/m²。

波流共生情况下的最大底床切应力分布与波致底床切应力分布一致，且随水深变化呈反比[图 5.19(c)]。在 Eagle Island 以北，最大底床切应力达 6.0 N/m²。在其他区域，最大底床切应力介于 2.0～5.0 N/m²。

波流共生情况下的平均底床切应力分布与流致底床切应力分布相似，但是在波流相互作用下显著增强[图 5.19(d)]。最大平均底床切应力(1.1 N/m²)出现的位置与最大流致切应力出现位置一致。

2015 年 1 月"北美风暴"峰值时刻，Saco Bay 内泥沙输沙率如图 5.19(e)所示。北至 Prouts Neck，南至 Saco River 河口，沿岸南向水流导致泥沙向南输移，并在 Old Orchard Beach 附近离岸向东偏转。在 Saco River 河口和 Ferry Beach 之间，泥沙输沙率较小，且存在逆时针方向输沙输移。

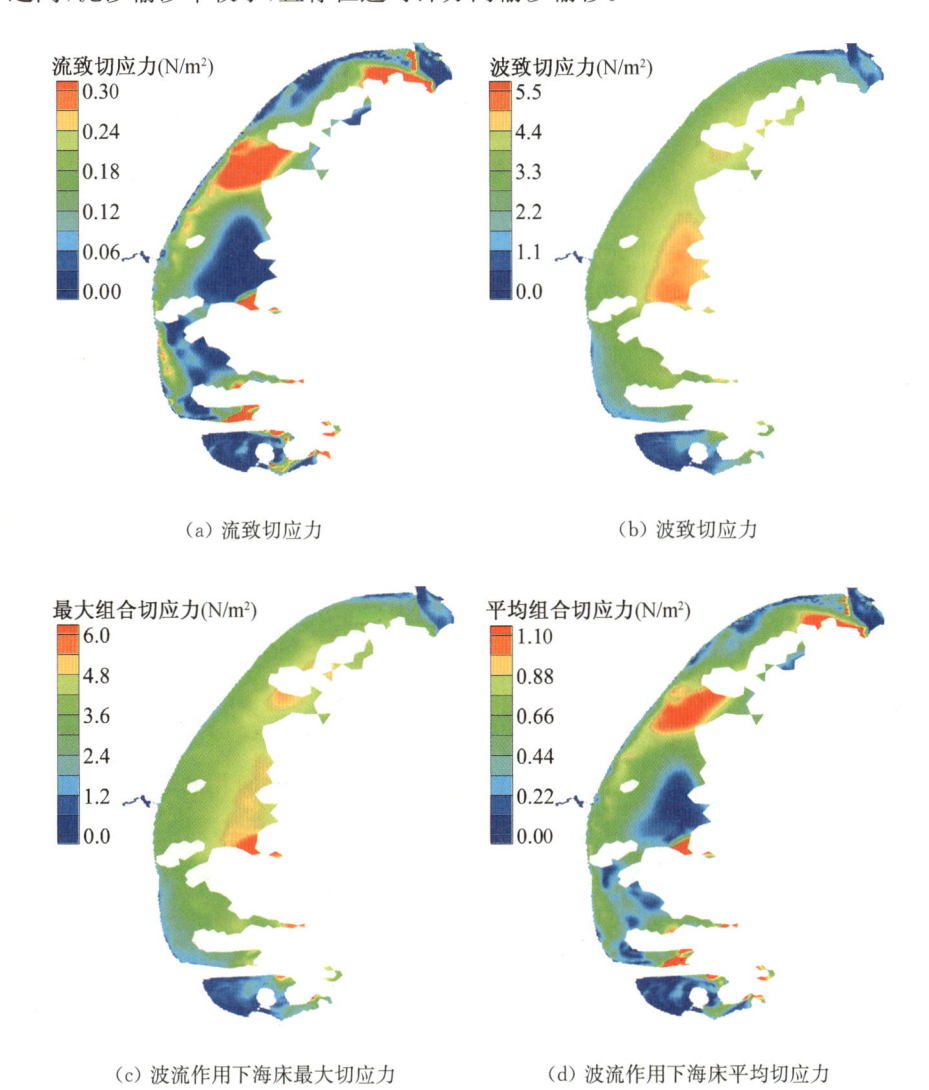

(a) 流致切应力

(b) 波致切应力

(c) 波流作用下海床最大切应力

(d) 波流作用下海床平均切应力

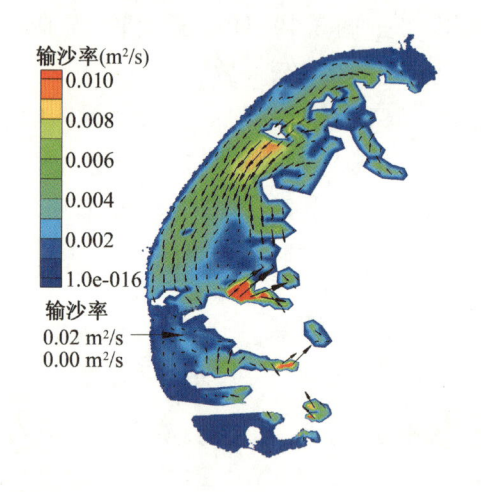

(e) 2015 年 1 月 27 日 1800UTC 时风暴峰值输沙率

图 5.19 海床切应力和输沙率

在 Saco Bay 内 A 点处,受到天文潮位的调制作用,有效波高和泥沙输沙率峰值的出现时间滞后于增水峰值。风暴过程中 A 点处存在两个水深平均流速和泥沙输沙率峰值。在 1 月 27 日 15:00 UTC 时和 20:00 UTC 时之间,泥沙输沙率均保持较大幅值。在此期间,水深平均流速逐渐减小,但是底床波浪轨迹速度逐渐增大。与 2007 年 4 月"东北风暴"和 1991 年 10 月"完美风暴"不同的是,在泥沙输沙率出现第一个峰值时,风生流流速大于波生流流速,此时总水深平均流速为 0.4 m/s,其中风生流和波生流流速分别为 0.2 m/s 和 0.15 m/s。在 1 月 27 日 23:00 UTC 时,泥沙输沙率随水深平均流速的减小急剧下降。水深平均流速的减小主要由风生流和波生流的相互抵消作用导致。在 1 月 27 日 21:00 UTC 时至 23:00 UTC 时,A 点处风生流沿海岸向南流动,波生流则向北流动。在此期间,Bluff Island 和 Stratton Island 附近的顺时针波生流向岸延伸,与风生流相互抵消。1 月 27 日 23:00 UTC 时后,波生环流向离岸方向移动,A 点处波生流恢复南向流动,与风生流叠加,导致水深平均水流增强,泥沙输沙率也相应增大。

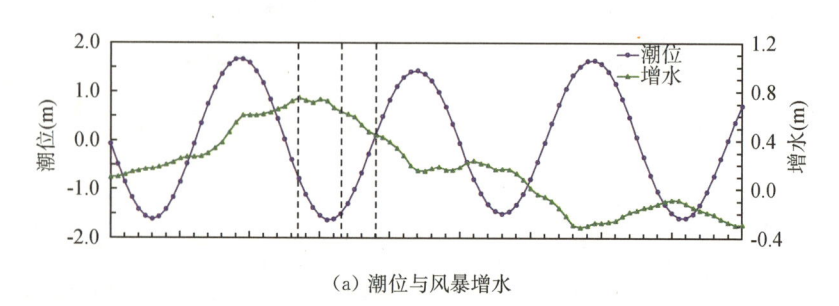

(a) 潮位与风暴增水

(b) 有效波高与海床波浪轨迹速度

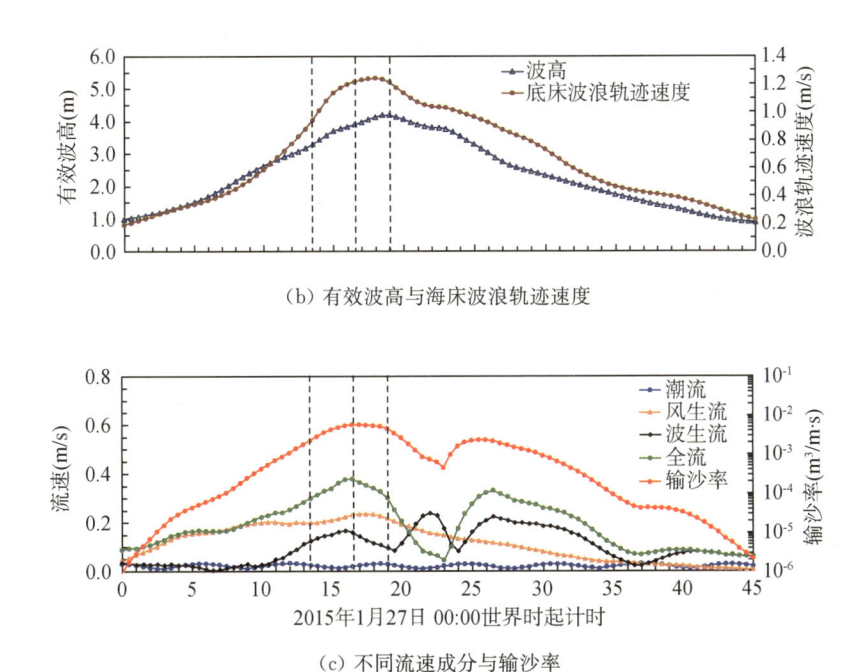

(c) 不同流速成分与输沙率

三条黑色虚线分别代表增水峰值、波浪轨迹速度峰值和输沙率峰值

图 5.20　2015 年 1 月"北美风暴"期间 A 点处水位、波浪、流速和输沙率过程线

5.6.2　平均流场与输沙通量

在天文潮周期内进行流场平均,可以确定海岸系统内泥沙输移的主要驱动过程。由于天文潮周期内泥沙输沙幅值和方向在不同天文潮相位时并不一致,对天文潮周期内泥沙输移进行矢量平均,可以得到风暴过程中的输沙通量。在本节中,对三场风暴峰值前后两个天文潮周期内的风、有效波高、底床波浪轨迹速度、潮流、风生流、波生流、总水深平均水流和泥沙输沙率进行平均。对比分析不同过程驱动的流场,明确不同水流成分对泥沙输移的作用,确定泥沙输移驱动因素。

5.6.2.1　2007 年 4 月"东北风暴"

2007 年 4 月"东北风暴"峰值前后两个天文潮周期为 4 月 16 日 8:30 UTC 时至 4 月 17 日 9:30 UTC 时。两个天文潮周期内 Saco Bay 内平均风速分布如图 5.21(a)所示。Saco Bay 内平均风速约为 13.0 m/s,风向为东北偏东。在此期间,Saco Bay 内波浪方向主要为东南向[图 5.8(a)],主要由缅因湾内生成波浪传递至 Saco Bay 内。在离岸区域,平均波高达 6.5 m。波浪在向海岸区域传播过程中,经底摩阻耗散逐渐减小。在波浪折射和破碎过程的作用下,波高等值线与水深等深线逐渐平行。在 5.0～15.0 m 等深线之间，有效波高为 2.5～5.0 m。平均海床波浪轨迹速度在水深小于 15.0 m 的区域达到最大值。在该区域，波高减小对底床波浪轨迹速度的影响被水深效应抵消。在湾内岛屿附近水深变化剧烈的区域，底床波浪轨迹速度达到最大，约为 1.5 m/s。

潮致余流[图 5.21(d)]与平均风生流和波生流相比可以忽略不计。在海湾大部分区域，潮致余流小于 0.01 m/s。仅在河口和岛屿周围，潮致余流达 0.03 m/s。在 Bluff Island 和 Stratton Island 周围，潮致余流呈逆时针方向旋转。在 Saco Bay 南部 Eagle Island 附近和 Saco River 河口与 Fletcher Neck 之间，潮致余流也呈现出相似的旋转特征。

平均风生流沿岸向南流动，到达 Bay View，并逐渐向东南方向偏转[图 5.21(e)]。在 Bay View 和 Saco River 河口北导堤之间，平均风生流呈顺时针方向旋转，并在 Camp Ellis 附近 5.0 m 水深处与东南向风生流汇合。平均风生流的幅值介于 0.12～0.20 m/s 之间。

除了 Saco Bay 南北两端，Saco Bay 沿海水深小于 5.0 m 区域的平均波生流幅值较小[图 5.21(f)]。在南北岬角处，波浪与地形的相互作用导致有效波高迅速减小，产生由岬角指向湾内的辐射应力梯度，引起由岬角向湾内流动的波生流。在岬角和岛屿附近，平均波生流达到最大，约为 1.0 m/s。由于波浪与水深相互作用，北部顺时针方向波生环流在风暴峰值时刻前后的两个天文潮周期内持续存在。环流向岸部分分离出向西南方向流动的分量，并最终转向东南向，形成离岸流。在南部 Saco River 河口北导堤和 Goosefare Brook 之间，也存在一个顺时针方向波生环流。南部顺时针方向波生环流中还存在四个次生环流。在水流与地形的相互作用下，源于南端 Fletcher Neck 的北向波生流被分解为北向分量和东向分量。北向分量绕过 Eagle Island 向东偏转，与离岸流汇合；东向分量逐渐沿等深线向北偏转。在 Camp Ellis 和 Ferry Beach 之间，形成一个次级逆时针方向波生环流。

平均总水深平均水流主要由风生流和波生流组成[图 5.21(g)]。总水深平均流场分布特征与波生流场相似，但是在水流、波浪和地形的相互作用下，总水深平均水流与波生流分布具有局部差异性。在 Prouts Neck 和 Goosefare Brook 之间水深小于 5.0 m 的区域，风生流占主导作用，风生流幅值介于 0.10～0.22 m/s 之间。在湾内其他区域，波生流幅值较风生流大。由于波生流和风生流同向，离岸流增强。在风暴过程中，Ferry Beach 和 Camp Ellis 之间逆时针方向环流持续存在。

平均输沙通量分布与平均水深平均流场相似[图 5.21(h)]。在湾内水深小于 10.0 m 的区域,平均输沙通量幅值较为显著。在 Goosefare Brook 以北,泥沙沿岸向南输运。在 Pine Point 和 Old Orchard Beach 之间水深约 8.0 m 处,平均输沙通量达到最大值 0.005 m³/m·s。此后,泥沙输移分离为沿岸西南向输沙和南向输沙。沿岸输沙在 Goosefare Brook 附近向东偏转,与海湾南部的北向输沙汇合。在湾内大部分区域,平均输沙通量约为 0.002 5 m³/m·s。在 Ferry Beach 和 Camp Ellis 之间,泥沙输移呈逆时针方向,幅值约为 0.000 8 m³/m·s,这一分布特征与平均水流一致。

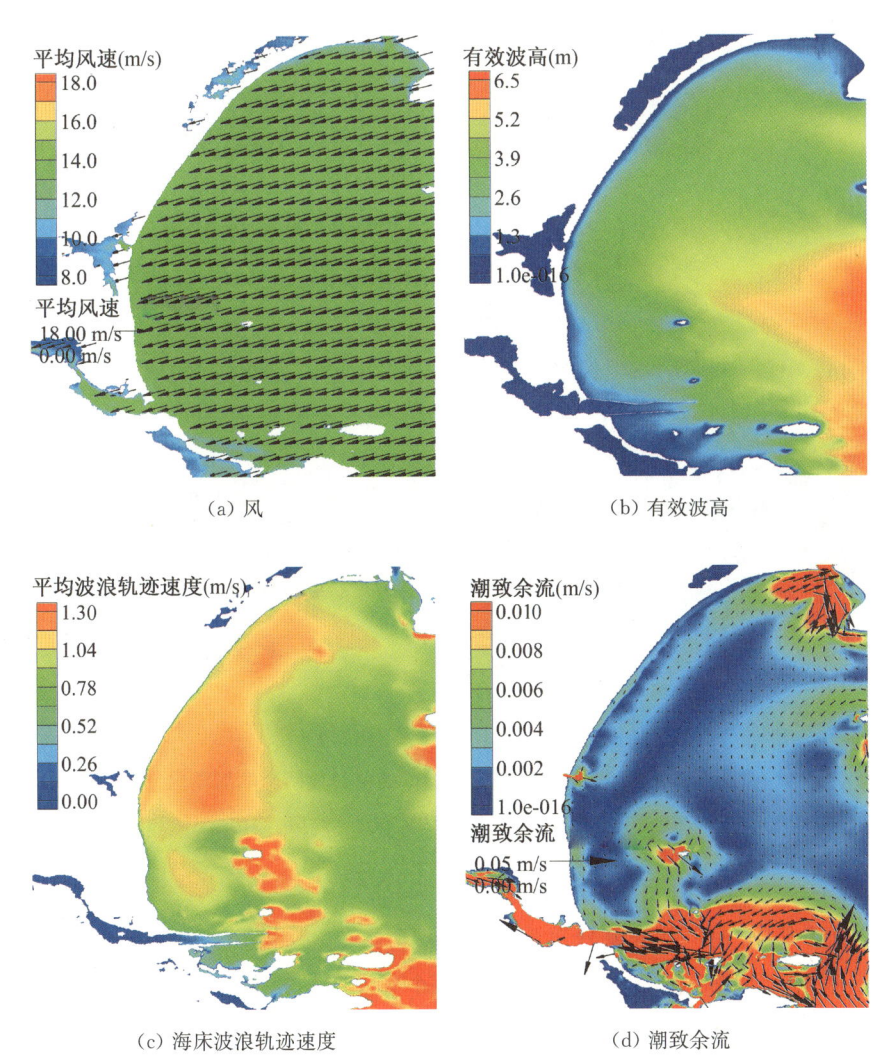

(a) 风

(b) 有效波高

(c) 海床波浪轨迹速度

(d) 潮致余流

(e) 风生流 (f) 波生流

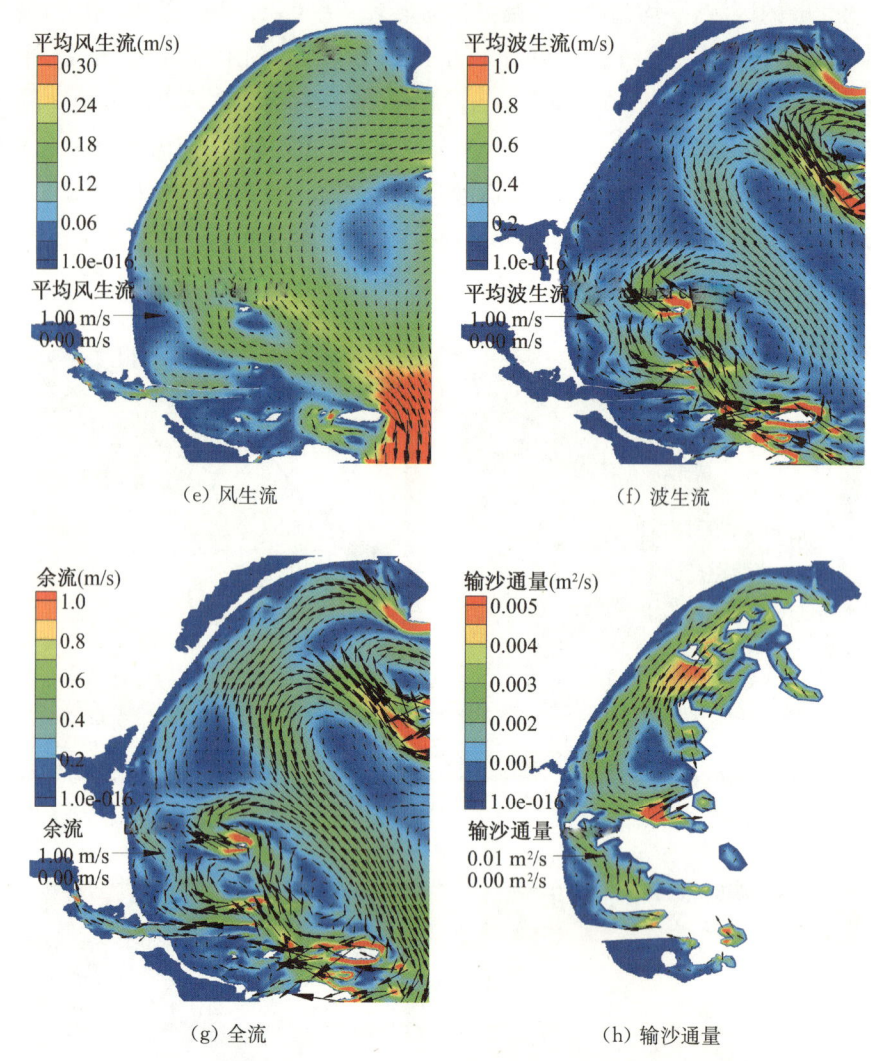

(g) 全流 (h) 输沙通量

图 5.21 2007 年 4 月"东北风暴"峰值时段两个潮周期内
(2007-04-16 0830UTC 至 2007-04-17 0930UTC)平均风、波浪、流速和输沙通量

5.6.2.2 1991 年 10 月"完美风暴"

1991 年 10 月"完美风暴"峰值前后两个天文潮周期为 10 月 30 日 14:00 UTC 时至 10 月 31 日 15:00 UTC 时。两个天文潮周期内的 Saco Bay 内平均风速分布如图 5.22(a)所示。在此期间,Saco Bay 内为东北向来风。在 Prouts Neck 背风处风速约 8.0 m/s,湾内其他区域平均风速在 12.0~13.0 m/s 之间。平均波高在离岸区域达 6.0 m,在向岸传递过程中逐渐减小[图 5.22(b)]。波高分布主要受到水深引起的波浪折射、底摩阻和波浪破碎的影响。平均底床波浪轨迹速度较大,在 Pine Point 和 Bay View 之间水深较小的区域,平均底床波浪轨迹速度达 1.3 m/s。此外,在岬角和岛屿附近,底床波浪轨迹速度也较小。

1991 年 10 月"完美风暴"峰值前后两个天文潮周期内的潮致余流与 2007 年 4 月"东北风暴"相似,比平均风生流和波生流小一个数量级[图 5.22(d)]。在海湾中部平直岸线处,潮致余流基本可以忽略。在局部地形作用下,Scarborough River 和 Saco River 河口以及岛屿周围潮致余流达 0.05 m/s。

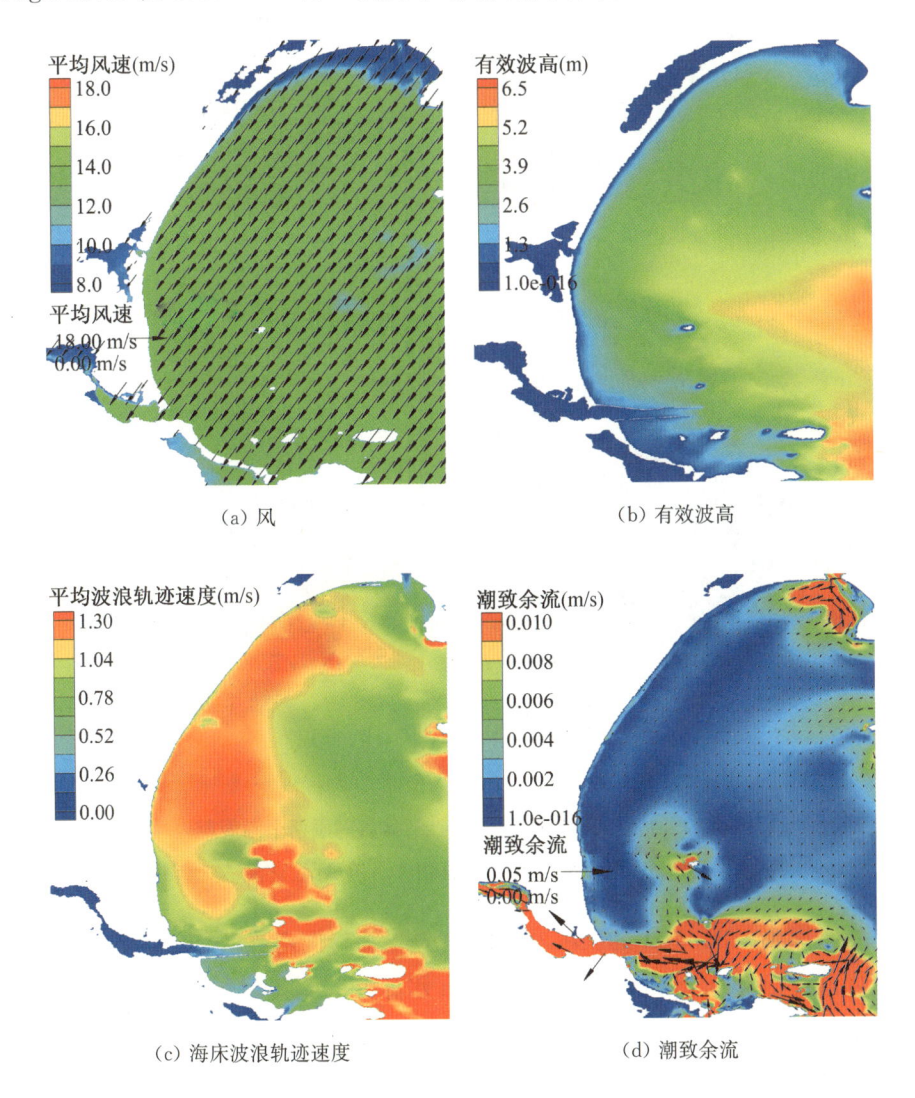

(a) 风

(b) 有效波高

(c) 海床波浪轨迹速度

(d) 潮致余流

(e) 风生流

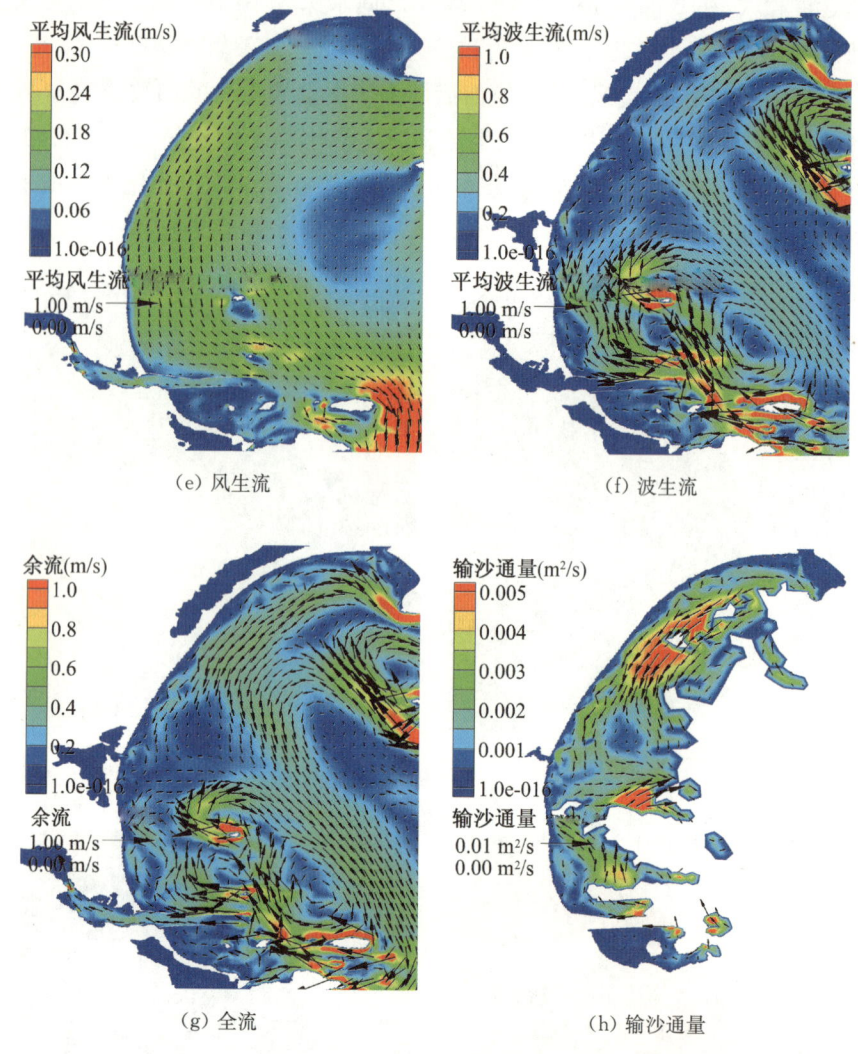

(f) 波生流

(g) 全流

(h) 输沙通量

图 5.22　1991 年 10 月"完美风暴"峰值时段两个潮周期内
(1991-10-30 1400UTC 至 1991-10-31 1500UTC)平均风、波浪、流速和输沙通量

在水深小于 15.0 m 的区域,平均风生流沿海岸向南流动[图 5.22(e)]。风生流幅值由沿岸 0.2 m/s 减小至 15.0 m 水深处的 0.1 m/s。与 2007 年 4 月"东北风暴"期间平均风生流场不同的是,1991 年 10 月"完美风暴"期间,Saco River 河口北导堤以北并不存在风生环流。在 Wood Island 和 Fletcher Neck 附近,平均风生流达到最大值,约为 0.3 m/s。

平均波生流场如图 5.22(f)所示。在水深小于 30.0 m 的绝大部分区域,平均波生流幅值大于或者相当于平均风生流。然而,在 Old Orchard Beach 和

Goosefare Brook 之间水深小于 10.0 m 的区域,平均风生流约为 0.2 m/s,平均波生流小于 0.1 m/s。1991 年 10 月"完美风暴"期间,平均波生流的分布和幅值与 2007 年 4 月"东北风暴"相似。湾内波生流系统具有"双环流-离岸流"分布特点。在岬角和岛屿周围,平均波生流达到最大值,约为 1.0 m/s。

图 5.22(g)为风暴期间平均深度平均流场,可见平均深度平均流场与平均波生流分布相似。在风和波浪联合作用下,水深平均流显著增强。1991 年 10 月"完美风暴"期间的平均输沙通量分布与 2007 年 4 月"东北风暴"相似,但是最大输沙通量幅值大于后者[图 5.22(h)]。在 Old Orchard Beach 至 Ocean Park 水深 5.0~10.0 m 的区域以及 Eagle Island 以北区域,泥沙输沙通量较大。在 Old Orchard Beach 和 Ocean Park 之间,平均泥沙输沙通量达 0.005 6 m³/m·s。在 Eagle Island 以北,最大输沙通量达 0.009 m³/m·s。在 Ferry Beach 和 Camp Ellis 之间,平均输沙通量为逆时针方向,幅值达 0.001 5 m³/m·s。

5.6.2.3 2015 年 1 月"北美风暴"

2015 年 1 月"完美风暴"峰值前后两个天文潮周期为 1 月 27 日 6:00 UTC 时至 1 月 28 日 7:00 UTC 时。2015 年 1 月"完美风暴"期间的 Saco Bay 内平均风速为三场风暴中最大,湾内大部分区域的风速达 17.0 m/s,风向为东北向[图 5.23(a)]。然而,2015 年 1 月"完美风暴"期间的 Saco Bay 内平均有效波高为三场风暴中最小[图 5.23(b)]。在 Saco Bay 内,占主导的波浪为缅因湾传播至近岸的东向至东南向涌浪。在 Saco Bay 离岸区域,平均有效波高为 5.0 m。2015 年 1 月"北美风暴"期间的峰值有效波高与 1991 年 10 月"完美风暴"相当,但是平均有效波高前者小于后者,主要是因为 2015 年 1 月"北美风暴"在缅因湾内产生大风的持续时间较短。2015 年 1 月"北美风暴"期间的平均底床波浪轨迹速度分布与另两场风暴相似,但是幅值较另两场风暴小[图 5.23(c)]。在 Goose-fare Brook 离岸 9.0 m 水深处,平均底床波浪轨迹速度达到最大值。此外,岬角和岛屿附近底床波浪轨迹速度也较大。

2015 年 1 月"完美风暴"期间的潮致余流较小[图 5.23(d)]。受到局部地形影响,Saco Bay 内河口及岛屿周围潮致余流较大,约为 0.03 m/s。与平均风生流和波生流相比,潮致余流可以忽略不计。除了 Prouts Neck 附近,湾内平均风生流较大,在 25.0 m 等深线内沿岸向南流动,幅值介于 0.1~0.5 m/s[图 5.23(e)]。在 Old Orchard Beach 和 Ferry Beach 之间水深小于 10.0 m 的区域,平均风生流流速大于 0.25 m/s。2015 年 1 月"完美风暴"期间的平均波生流场与另外两场风暴相似。除了岛屿附近,Pine Point 至 Bay View 之间水深小于 15.0 m 的区域内平均波生流流速小于平均风生流流速。在海湾北端 Prouts Neck 至

Pine Point 之间，沿岸波浪剧烈变化产生较大辐射应力梯度，导致波生流幅值较大，介于 0.2~1.0 m/s 之间。在海湾南端也存在类似过程，波浪辐射应力生成由 Fletcher Neck 流向湾内的沿岸波生流。在波浪和地形的相互作用下，湾内形成两个波生环流系统，分别位于北部 Bluff Island 和 Stratton Islands 附近以及南部 Saco River 河口北导堤和 Goosefare Brook 之间。两个波生环流系统的相互作用形成离岸流。平均水深平均流场是风生流、波生流以及水流、波浪和地形相互作用成分的叠加[图 5.23(g)]。在 Pine Point 和 Goosefare Brook 之间水深小于 10.0 m 的区域，风生流占主导地位。在 Bay View 至 Saco River 河口北导堤之间，北向波生流被南向风生流部分抵消，形成逆时针方向环流，幅值约为 0.35 m/s。在该逆时针方向环流附近，存在三个次级顺时针方向环流。

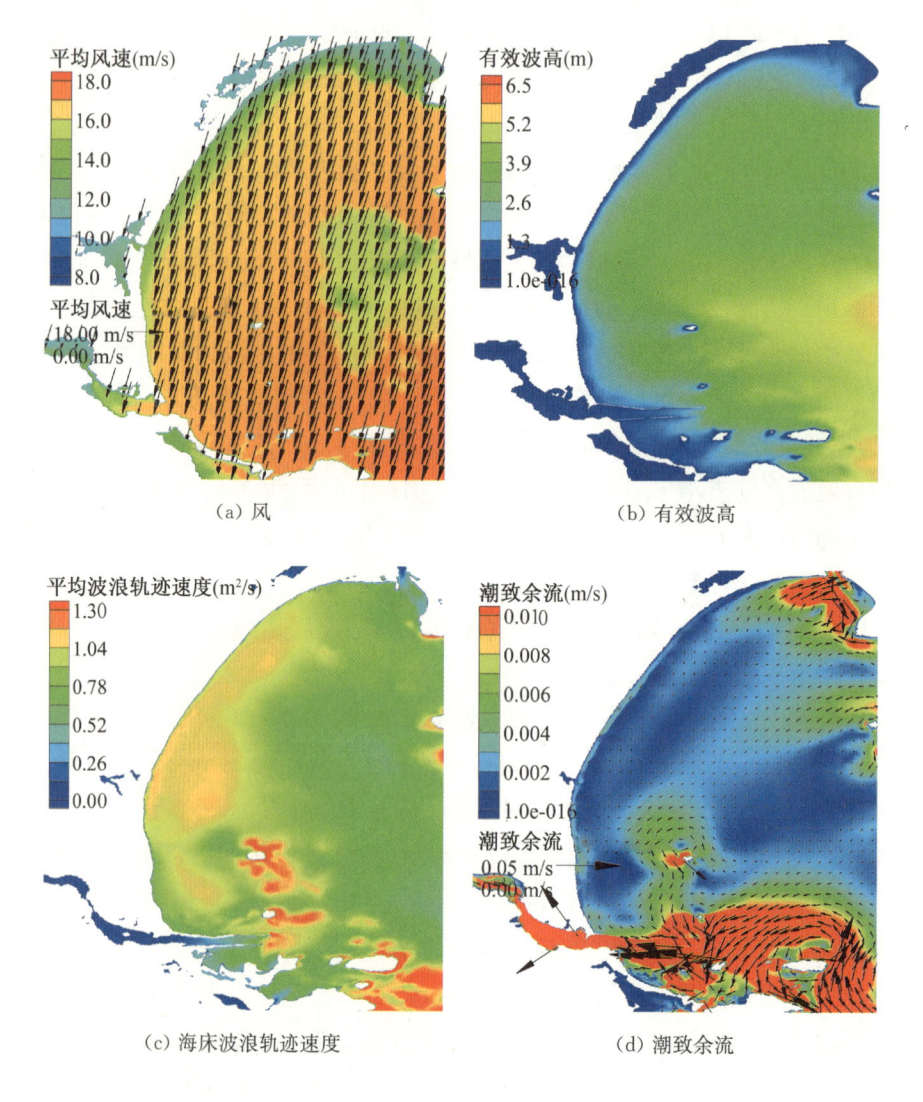

(a) 风

(b) 有效波高

(c) 海床波浪轨迹速度

(d) 潮致余流

(e) 风生流   (f) 波生流

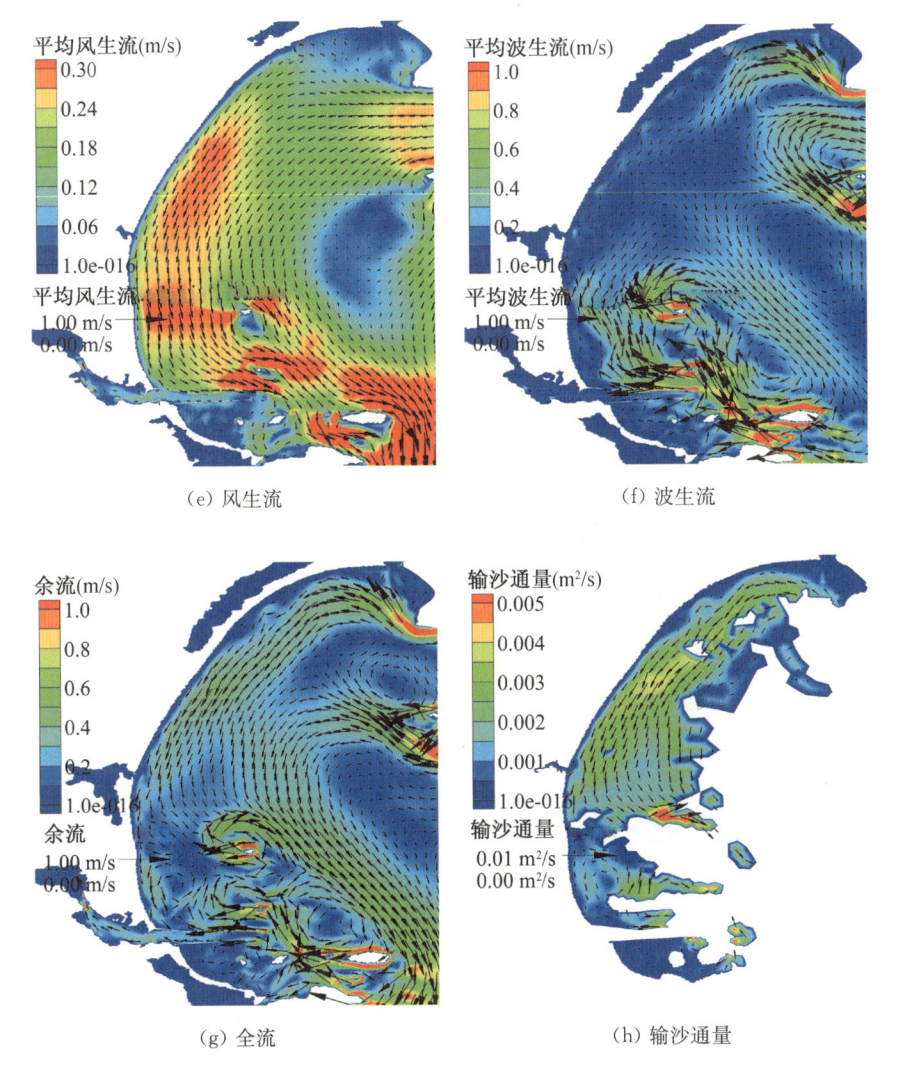

(g) 全流   (h) 输沙通量

图 5.23 2015 年 1 月"北美风暴"峰值时段两个潮周期内
(2015-01-27 0600UTC 至 2015-01-28 0700UTC)平均风、波浪、流速和输沙通量

2015 年 1 月"完美风暴"期间的平均输沙通量小于 2007 年 4 月"东北风暴"和 1991 年 10 月"完美风暴"期间的相应值[图 5.23(h)]。通过对比不同风暴期间的流场和波浪场发现，2015 年 1 月"完美风暴"期间平均输沙通量较小主要是由波高较小导致。泥沙沿岸向南向输移至 Bay View，再逐渐向东偏转为离岸泥沙输移。在 Eagle Island 附近，平均泥沙通量达到最大值 0.005 $m^3/m \cdot s$。在 Bay View 和 Saco River 河口北导堤之间，泥沙输移呈逆时针方向，平均输沙通量为 0.0015 $m^3/m \cdot s$。

5.7 不同风暴过程水动力与泥沙输运对比

如5.5节和5.6节所述,在本章模拟的三次风暴过程中,波浪、水流和泥沙输移分布既有相似之处,也有不同之处。本节对2007年4月"东北风暴"、1991年10月"完美风暴"和2015年1月"北美风暴"期间的水动力和输沙输移特征进行比较分析。

5.7.1 水动力特征

虽然本章模拟的三场风暴的路径和持续时间不同,但是风暴过程中的风和浪在Saco Bay相似。因此,三场风暴过程中的Saco Bay内波浪和水流分布具有一些共同特征。

Saco Bay内大部分区域潮流流速小于0.05 m/s,相对于风生流和波生流可以忽略不计。然而,在Scarborough River和Saco River河口,过水断面缩窄,潮流流速增大,达0.2 m/s。

在这三场风暴过程中,Saco Bay内风均为由北至东向,因此风生流沿岸向南流动。在平直海岸线上,在不考虑垂直于岸线方向水流的情况下,可以采用简化的深度积分动量方程估算水深平均流速,其中水流流速与风速平方成正比,与水深成反比(Pugh,1987)。在2015年1月"北美风暴"峰值时刻,湾内风速较大,沿岸风生流最大达0.4 m/s。2007年4月"东北风暴"和1991年10月"完美风暴"期间,湾内风速中等,相应风生流流速也较小。Saco Bay内风生流分布与风和岸线的相对方向有关。在2007年4月"东北风暴"峰值时刻,Bay View和Saco River河口北导堤间存在顺时针方向风生环流,但是1991年10月"完美风暴"和2015年1月"北美风暴"则不存在这一环流形态。Saco Bay内海岸线呈凹形,顶点位于Goosefare Brook和Bay View之间。在2007年4月"东北风暴"峰值时刻,Saco Bay为东向来风,导致在Bay View以北,风的沿岸分量向南,驱动风生流向南流动;在Bay View以南,风的沿岸分量向北,相应风生流也向北流动。顺时针方向风生环流与南向沿岸风生流汇合,达到质量守恒和动量平衡。相比之下,1991年10月"完美风暴"和2015年1月"北美风暴"期间,Saco Bay内来风分别为东北向和北向,此时湾内沿岸风分量一致为南向,驱动风生流向南流动。在Saco River河口北导堤处,南向风生流受阻,向东向偏转。

波生流呈现出强波浪-地形相互作用特征。在三场风暴期间,离岸区域的大浪自东南方向传播入Saco Bay,这与之前研究结论一致(Jensen,1983)。波浪能量在 Saco Bay 南北两端岬角处发生辐聚,在湾内凹形岸线上发生辐散。与波高平方成正比的辐射应力梯度驱动平均水流由南北岬角处向湾内流动。波浪和地形相互作用导致湾内波生流分布特征进一步复杂。在 Saco Bay 北部,Bluff Island 和 Stratton Islands 周围波生流呈顺时针方向。在向岸流动过程中,部分环流向西南流动。西南向波生流与源自 Prouts Neck 的沿岸波生流汇合,并向东南向偏转。在 Saco Bay 南部,源自 Fletcher Neck 的北向波生流在岛屿和 Saco River 河口附近分裂,并最终与源自海湾北部的东南向波生流汇合,形成离岸流。在 Saco Bay 南部,在 Eagle Island 周围和 Wood Island 以北形成两个次级波生环流。

总水深平均水流主要由风生流、波生流以及水流、波浪和地形相互作用成分组成。总水深平均水流分布特征与波生流分布相似,但是在风生流等的作用下呈现出局部差异性。在 Saco Bay 内不同区域,主导水动力过程有所差别。在水深位于 5.0~10.0 m 的区域,风生流占主导;在岬角和岛屿周围,波生流更为显著,并且是三场风暴期间湾内水流分布的主导过程。总水深平均水流的局部差异性主要由波生流和风生流的相对强度引起。在 2007 年 4 月"东北风暴"峰值时刻,Bay View 和 Saco River 河口北导堤之间顺时针方向风生环流与北向波生流汇合,导致该区域水流北向流动。在 1991 年 10 月"完美风暴"和 2015 年 1 月"北美风暴"峰值时刻,Bay View 和 Saco River 河口北导堤之间流场更加复杂。1991 年 10 月"完美风暴"峰值时刻,Bay View 和 Saco River 河口北导堤之间水深小于 5.0 m 区域的水深平均水流呈逆时针方向。在 2015 年 1 月"北美风暴"峰值时刻,由于 Bay View 和 Saco River 河口北导堤之间的风生流强度较大,北向波生流被抵消,形成幅值约为 0.3 m/s 的逆时针方向环流。在该区域,总水深平均流的局部变化对泥沙输移具有重要影响。

Saco Bay 内波浪由缅因湾内涌浪主导,三场风暴过程中的波浪均由东南方向进入湾内。波浪进入 Saco Bay 后,在局部地形折射作用下进行能量重分配,波高等值线逐渐与水深等值线平行。波浪向岸传递过程中,能量经底摩阻和波浪破碎耗散。在海湾中部水深较大区域,相应波高也较大;海湾北部和南部波高则较小。虽然水深较大区域的相应有效波高较大,底床波浪轨迹速度在水深小于 15.0 m 的区域更大。如 5.5 节所述,底床波浪轨迹速度与波高和水深有关。底床波浪轨迹速度随波高线性增大,随水深指数减小。在浅水区域,水深对底床波浪轨迹速度的影响比波高大,可以用于解释浅水区域底床波浪轨迹速度的带状分布。波浪向湾内传播时,底床波浪轨迹速度在水深减小的作用下首先增大,再随着有效波高减小而减小。在岛屿附近水深突变作用下,该区域的底床波浪轨迹速度相应增加。

三场风暴期间的平均风生流、波生流和波浪场与风暴峰值时刻相应流场和波浪场相似，但是受到风暴持续时间以及天文潮调节作用的影响，平均水流和波浪幅值与峰值时刻相应值有所区别。2007年4月"东北风暴"期间，Saco Bay内波浪和风暴增水在一个天文潮周期内维持在较高水平。在此期间，天文潮位对有效波高、底床波浪轨迹速度、风暴增水和风生流影响并不显著，但是波生流流速与水位呈反比。在低潮位时，波生流流速最大，并随着水位的增大而减小。1991年10月"完美风暴"和2015年1月"北美风暴"的持续时间较短，相应平均水流和波浪的幅值较小。

5.7.2 泥沙输运特征

风暴峰值时刻的泥沙输沙率与水流和波浪及其相应底床切应力吻合良好。总输沙率分布与水深平均水流分布相似，表明局部水深对泥沙输沙率起决定性作用。在海岸区域，底床切应力是输沙率的另一个重要指标。波流共生情况下的底床切应力分布与流致切应力分布一致，但是由于波浪增强作用，前者幅值大于后者。风暴峰值时刻的泥沙总输沙率分布与平均底床切应力分布一致。

2007年4月"东北风暴"峰值时刻，Saco Bay北部泥沙沿岸向南输移直至Bay View，而南部泥沙则向北输移。南北向泥沙输移在Bay View和Goosefare Brook之间汇合，继续转向离岸方向输移。1991年10月"完美风暴"和2015年1月"北美风暴"峰值时刻，Bay View以北泥沙输移与2007年4月"东北风暴"峰值时刻相似，但是由于水深平均流场的局部差异性，泥沙输移也存在局部差异性。1991年10月"完美风暴"峰值时刻，Bay View和Saco River河口北导堤之间水深小于5.0的区域，存在较弱的逆时针方向泥沙输移，可能导致该区域出现泥沙沉积。2015年1月"北美风暴"期间，由于未达到泥沙起动阈值速度，Bay View以南水深小于10.0 m区域的泥沙输移并不显著。

风暴期间泥沙输沙通量分布与风暴峰值时刻泥沙输沙率分布相似。在Pine Point和Bay View之间，泥沙净输移沿岸向南。1991年10月"完美风暴"和2007年4月"东北风暴"期间，Saco Bay内的两个区域发生离岸泥沙输移：(1) Old Orchard Beach和Ocean Park之间水深10.0 m离岸处；(2) Bay View附近水深10.0 m离岸处。2015年1月"北美风暴"期间，仅在Bay View水深10.0 m处附近出现离岸泥沙输移。三场风暴过程中，Bay View和Saco River河口北导堤之间的泥沙净输移并不一致。2007年4月"东北风暴"期间，在Bay View和Saco River河口北导堤之间水深小于5.0 m的区域，泥沙向北输移。1991年10

月"完美风暴"期间,Bay View 和 Saco River 河口北导堤之间水深小于 5.0 m 的区域出现逆时针方向泥沙净输移。2015 年 1 月"北美风暴"期间,Bay View 和 Saco River 河口北导堤之间逆时针方向泥沙净输移向离岸方向延伸至 10.0 m 水深处。Brothers 等(2008)基于实测资料分析的研究表明,就泥沙输移而言,Saco Bay 并非封闭系统。泥沙可以绕过 Saco Bay 两端岬角向离岸方向输移。同时,东北风暴期间沿岸发生下降流,导致泥沙由海岸向离岸区域输移。本研究印证了 Brothers 等(2008)的研究结果。

风暴期间泥沙输沙率峰值出现的时间取决于底床波浪轨迹速度和水深平均流速峰值出现的时间和相对幅值。2007 年 4 月"东北风暴"期间,在水深平均水流和底床波浪轨迹速度的共同作用下,泥沙输沙率在一个天文潮周期内维持在较高水平。处于以下三种情况时,泥沙输沙率一般较高:(1) 水深平均流速和底床波浪轨迹速度均较大时;(2) 水深平均流速中等,但是底床波浪轨迹速度较大时;(3) 水深平均流速较大,但是底床波浪轨迹速度中等时。尽管 1991 年 10 月"完美风暴"和 2015 年 1 月"北美风暴"期间的高输沙率持续时间较短,但是水深平均流速和底床波浪轨迹速度对泥沙输移的相对重要性仍然成立。

5.8 本章小结

本章采用波流耦合模型 SWAN+ADCIRC 和 Soulsby-Van Rijn 输沙模型对风暴期间 Saco Bay 内的水动力响应和泥沙输移进行探讨。尽管本章选用三场风暴的持续时间和路径并不相同,但 Saco Bay 内的水动力和泥沙输移呈现出相似特征。三场风暴期间,缅因湾内生成的波浪从东南方向进入 Saco Bay,并在传播过程中受局部地形影响显著。在波浪折射作用下,有效波高等值线逐渐与等深线平行。波浪在浅水区域传播时,波浪能量经由底摩阻和破碎耗散。与波高分布不同,底床波浪轨迹速度在水深小于 15.0 m 的海岸区域幅值较大。底床波浪轨迹速度随波高线性增大,但是随水深指数减小。在浅水区域,水深减小导致底床波浪轨迹速度大幅增加,抵消了波高减小作用。在海岸和岛屿周围,水深变化剧烈,底床波浪轨迹速度达 1.6 m/s。

在三场风暴过程中,除了 Scarborough River 和 Saco River 河口,Saco Bay 内其他区域的潮流速度远小于风生流和波生流流速。在 Scarborough River 和 Saco River 河口,过水断面迅速缩窄导致潮流流速迅速增大。风生流受当地风、地形和岸线形状影响显著。在海岸线平直、水深恒定的理想状态下,在水流达到平衡状态时,风生流流速与风速平方成正比,与水深成反比。在 Saco Bay 内,不同风暴过程中的风与岸线的相对方向不同,导致相应风生流分布有所差异。1991 年 10 月"完美风暴"和 2015 年 1 月"北美风暴"期间,Saco Bay 内风分别为东北向和北向,相应沿岸风分量均为南向,导致湾内水流向南流动。然而,2007 年 4 月"东北风暴"期间,Saco Bay 内为东向来风,导致 Goosefare Brook 和 Bay View 以北沿岸风分量为南向,以南沿岸风分量则为北向。Saco Bay 南北沿岸风分量相向导致 Bay View 和 Saco River 河口北导堤出现顺时针方向风生环流。

波生流是波浪与地形之间强烈相互作用的结果。在海湾尺度上,波生流由 Saco Bay 南北岬角向湾内流动。在局部岛屿和海岸工程的作用下,波生流呈现出复杂的局部特征。在海湾北部,Bluff Island 和 Stratton Island 周围形成顺时针方向波生环流。在海湾南部,波生流先沿岸向北流动,再向离岸方向偏转。在 Goosefare Brook 和 Saco River 河口北导堤之间,存在至少两个次级顺时针方向波生环流。源自北部和南部的波生流在海湾中部汇合,形成离岸流。

总水深平均流分布与波生流场相似,但是在风和波浪的作用下,总水深平均流速与波生流流速并不相同。在水深小于 5.0～10.0 m 的区域,风生流占主导地位;在岬角、海岸工程和岛屿周围,波生流更为显著。风暴期间的平均风生流、波生流和波浪场与风暴峰值时刻的流场和波浪场相似。由于天文潮的调制作用和风暴持续时间的不同,平均流速和波高与风暴峰值时刻流速和波高有所区别。

风暴峰值时刻的瞬时输沙率和风暴期间的输沙通量均与波浪、水流及相应平均底床切应力相关。与流致底床切应力和波致底床切应力相比,波流共生情况下的底床切应力呈非线性增强。泥沙输沙率分布与平均底床切应力和水深平均流速分布相似。由于泥沙在波流共同作用下可能并未达到起动阈值速度,泥沙输移和水流分布并不完全相同。泥沙输沙率与水深平均流速和底床波浪轨迹速度的相对幅值相关。三场风暴过程中,Pine Point 和 Bay View 均为南向输沙。在 Bay View 以南,不同风暴过程中的泥沙输移有所差异。1991 年 10 月"完美风暴"和 2015 年 1 月"北美风暴"期间,Bay View 和 Saco River 河口北导堤之间水深小于 10.0 m 的区域呈逆时针方向泥沙输移,2007 年 4 月"东北风暴"期间则未出现此种情况。在 Old Orchard Beach 和 Bay View 之间,泥沙净输移为离岸方向。

第 6 章
结论与展望

6.1 主要工作

　　海岸淹没和泥沙输移预测建立在对海岸区域水位、波浪和水流的准确模拟的基础上。通过以下两个手段，可以提高海岸区域水动力模拟精度：(1) 在海岸区域采用高分辨率网格，提高对海岸区域地形和岸线的解析精度；(2) 合理概化波浪、水流和地形间的非线性相互作用，如波浪辐射应力和底摩阻。本书中的研究结果表明，在缅因湾内，波浪、水流和地形的相互作用对波浪、流场和水位有显著影响，同时风暴过程中的海岸区域波流相互作用呈现时空异质性。风暴期间，波生流和风生流量级一致，且幅值随水位和局部水深变化。波高和周期受水位调制，并且受水流折射作用影响。因此，在岸线形态复杂区域（如缅因湾），合理概化波浪、水流和地形的相互作用，对准确模拟海岸区域水动力过程至关重要。

　　本书在美国缅因湾构建大气-海洋-海岸一体化模拟系统，解析海洋至破波带多尺度水动力过程，并成功应用于美国马萨诸塞州斯基尤特沿海海堤处的波浪越浪预测。在波浪越浪预测中，考虑波流相互作用可以提高模拟准确性。在此基础上，本研究探讨了海平面上升和海堤堤顶高程对波浪越浪的影响。研究表明，海平面上升引起的海岸结构前水深增大，不仅会降低相对干舷高度，同时会导致波高增大。波高增大导致波浪越浪量迅速增加，因此海岸工程堤顶的抬升幅值需要大于实际海平面上升幅值。本研究构建的大气-海洋-海岸一体化模型框架可以为海平面上升情境下的沿海规划和海岸工程升级提供有效评估手段。

采用本研究构建的大气-海洋-海岸一体化模拟系统,开展岬湾系统内泥沙输移对风暴的响应研究。泥沙输移与波浪和水流密切相关。研究结果表明,由于局部水深对波浪和水流影响显著,不同风暴持续时间和路径下的岬湾系统内波浪、水流和泥沙输移具有相似分布特征。风是影响海岸区域水动力和泥沙输移的另一个重要因素,风与岸线的相对方向不同导致岬湾系统内水流分布出现差异。波生流是波浪和地形强烈相互作用的结果。波生流由南北岬角流向湾内,在岛屿和海岸工程作用下,波生流场呈现复杂的局部特征。源自岬湾南北岬角的波生流在海湾中部汇合,形成离岸流。在不同水深和岸线形态下,风生流和波生流对泥沙输移的作用不同。在浅水区域,风生流起主导作用;在岬角、海岸工程和岛屿周围,波生流起主导作用。风暴峰值时刻的泥沙输沙率和风暴期间的输沙通量均与波浪场和流场相关。泥沙输移与平均底床切应力和水深平均流场相似,然而,由于泥沙在波流共同作用下可能并未达到起动阈值速度,泥沙输移和水流分布并不完全相同。不同东北风暴期间的风生流和波生流之间的平衡导致水深平均流场存在差异,相应泥沙输沙通量也有所不同。

6.2 结论

海岸资源管理有赖于对海岸水动力、地貌和生态过程的准确认识,数值模拟是探讨和理解这些过程的有效手段。大气-海洋-海岸一体化模型可以用以解析不同时空尺度物理过程,是目前开展气候变化背景下海岸适应性研究的先进方法。

本研究构建了大气-海洋-海岸一体化模拟系统,解析从深海到破波带区域不同时空尺度物理过程,探讨不同风暴过程中缅因湾内海岸水动力、波浪越浪和泥沙输移。本研究构建的一体化大气-海洋-海岸模拟系统由三个模块组成:水动力模型、波浪越浪模型和泥沙输运模型。采用该一体化模拟系统,可以全面分析和理解若干海岸过程,包括:(1) 水流、波浪和地形的非线性相互作用;(2) 海堤处波浪越浪;(2) 泥沙输移对不同风暴特征的响应。一体化的大气-海洋-海岸模拟系统在海岸管理和决策上有重要应用,比如:(1) 气候变化背景下的海岸过程潜在变化预测,如海岸淹没和海滩侵蚀的频率和强度;(2) 水产养殖选址;(3) 海岸恢复和适应性探讨。

6.3 展望

本研究主要构建了一体化海岸模拟系统,并成功将其运用到缅因湾内海岸水动力、波浪越浪和泥沙输移模拟。基于当前工作，还可以在以下两方面开展进一步深入研究：(1) 一体化模拟系统的改进和推广；(2) 沿海区域海岸过程及其机理探讨。

首先，表面波的存在会改变海表面粗糙度长度，进而对风暴增水产生影响。因此，在水动力模型风应力计算中合理概化（参数化）表面波的影响，对提高风暴增水模拟精度具有重要意义。此外，本研究采用的波浪越浪经验模型虽然计算效率高，且具有一定的稳定性，但是受限于现场和实验数据，对适用条件有严格限制。基于过程的数值模型，如 RANS-VOF 模型，可以适用于复杂岸线形态下的波浪越浪模拟。在进一步的工作中，可以将海岸水动力模型与 RANS-VOF 模型进行耦合，拓展目前一体化模型的应用范围。再次，本研究采用的泥沙输移模型基于含沙量平衡假定构建，可能会高估风暴过程中的输沙通量。同时，该泥沙输移模型仅考虑沿岸输沙，忽略了波浪作用下垂直于岸线方向的泥沙输移。在后续研究中，可采用不同算法分别模拟悬移质和推移质输沙，例如采用基于被动示踪的对流扩散方程计算悬移质输沙，通过解析波流共生条件下的底部边界层计算推移质输沙。在进行长期海岸线变化预测时，需要考虑泥沙重分布对海岸形态的影响。通过模拟海湾内长期泥沙输移过程，可以探讨泥沙输移路径、预测海岸线变化。最后，需要开展更多的现场观测研究，对泥沙空间分布进行定量分析，为模型输入以及验证提供可靠数据。

附录　波浪越浪模拟流程图

本附录绘出波浪越浪模型计算流程图，其中方程均为 EurOtop（2016）中方程编号。

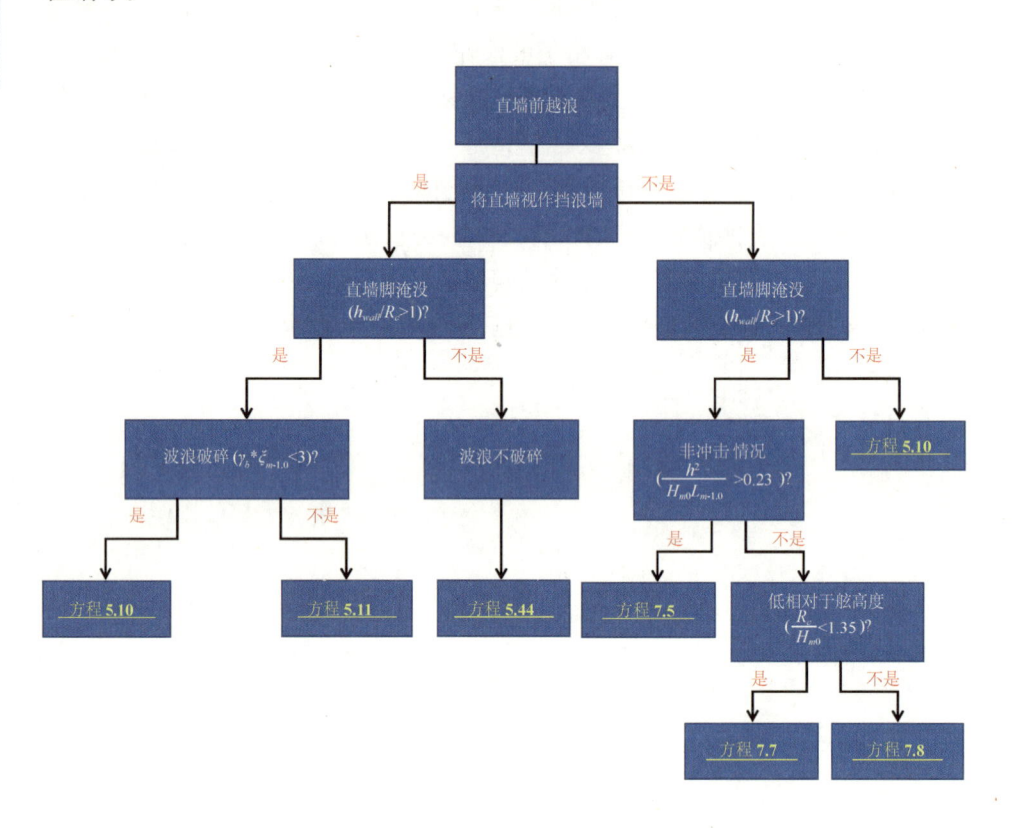

```
                          直墙前越浪
                               │
                    ┌──────────┴──────────┐
                   是                    不是
                    │                     │
            将直墙视作挡浪墙               │
                    │                     │
                    ↓                     ↓
             直墙脚淹没              直墙脚淹没
            ($h_{wall}/R_c>1$)?      ($h_{wall}/R_c>1$)?
              │        │               │         │
             是      不是              是       不是
              ↓        ↓               ↓         ↓
         波浪破碎   波浪不破碎       非冲击情况   方程 5.10
      ($\gamma_b^*\xi_{m-1,0}<3$)?              ($\frac{h^2}{H_{m0}L_{m-1,0}}>0.23$)?
         │      │                       │         │
        是    不是                      是       不是
         ↓      ↓         ↓             ↓         ↓
      方程5.10 方程5.11 方程5.44    方程7.5    低相对于舷高度
                                              ($\frac{R_c}{H_{m0}}<1.35$)?
                                                │         │
                                               是       不是
                                                ↓         ↓
                                             方程7.7    方程7.8
```

122

参考文献

AMANTE C, EAKINS B W, 2009. ETOPO1 1 arc-minute globe relief model: Procedures, data sources and analysis, NOAA Techical Memorandum NESDIS NGDC-24[R]. Boulder, Colorado: National Oceanic Atmospheric Administration.

ARDHUIN F, RASCLE N, BELIBASSAKIS K A, 2008. Explicit wave-averaged primitive equations using a generalized Lagrangian mean[J]. Ocean Modelling, 20(1): 35-60.

ARDHUIN F, ROLAND A, DUMAS F, et al. , 2012. Numerical wave modeling in conditions with strong currents: Dissipation, refraction, and relative wind[J]. Journal of Physical Oceanography, 42(12): 2101-2120.

BATES P D, DAWSON R J, HALL J W, et al. , 2005. Simplified two-dimensional numerical modelling of coastal flooding and example applications[J]. Coastal Engineering, 52(9): 793-810.

BARBER D C, 1995. Holocene evolution and modern sand budget of inner Saco Bay, Maine [D]. Orono, Maine: University of Maine.

BATTJES J A, STIVE M J F, 1985. Calibration and verification of a dissipation model for random breaking waves[J]. Journal of Geophysical Research: Oceans, 90(C5): 9159-9167.

BEARDSLEY R C, CHEN C S, XU Q C, 2013. Coastal flooding in Scituate (MA): A FVCOM study of the Dec. 27, 2010 Nor'easter[J]. Journal of Geophysical Research: Oceans, 118(11): 6030-6045.

BENNIS A C, ARDHUIN F, DUMAS F, 2011. On the coupling of wave and three-dimensional circulation models: Choice of theoretical framework, practical implementation and adiabatic tests[J]. Ocean Modelling, 40(3-4): 260-272.

BERNIER N B, THOMPSON K R, 2007. Tide-surge interaction off the east coast of Canada and northeastern United States[J]. Journal of Geophysical Research: Oceans, 112(C6): C06008.

BERTIN X, BRUNEAU N, BREILH J F, et al. , 2012. Importance of wave age and resonance in storm surges: The case Xynthia, Bay of Biscay[J]. Ocean Modelling, 42: 16-30.

BERTIN X, FORTUNATO A B, OLIVEIRA A, 2009. A modeling-based analysis of processes driving wave-dominated inlets[J]. Continental Shelf Research, 29(5-6): 819-834.

BLAIN C A, WESTERINK J J, LUETTICH JR R A, 1994. The influence of domain size on the response characteristics of a hurricane storm surge model[J]. Journal of Geophysical Research: Oceans, 99(C9): 18467-18479.

BOLAÑOS R, BROWN J M, SOUZA A J, 2014. Wave-current interactions in a tide dominated estuary[J]. Continental Shelf Research, 87: 109-123.

BOOIJ N, RIS R C, HOLTHUIJSEN L H, 1999. A third-generation wave model for coastal regions: 1. Model description and validation[J]. Journal of geophysical research: Oceans, 104(C4): 7649-7666.

BOWEN A J, 1969. Rip currents: 1. Theoretical investigations[J]. Journal of Geophysical Research, 74(23): 5467-5478.

BROTHERS L L, BELKNAP D F, KELLEY J T, et al. , 2008. Sediment transport and dispersion in a cool-temperate estuary and embayment, Saco River estuary, Maine, USA[J]. Marine Geology, 251(3-4): 183-194.

BROWN J M, WOLF J, 2009. Coupled wave and surge modelling for the eastern Irish Sea and implications for model wind-stress[J]. Continental Shelf Research, 29(10): 1329-1342.

BROWN J M, BOLAÑOS R, Wolf J, 2013. The depth-varying response of coastal circulation and water levels to 2D radiation stress when applied in a coupled wave – tide – surge modelling system during an extreme storm[J]. Coastal Engineering, 82: 102-113.

BUNYA S, DIETRICH J C, WESTERINK J J, et al. , 2010. A high-resolution coupled riverine flow, tide, wind, wind wave, and storm surge model for southern Louisiana and Mississippi. Part I: Model development and validation[J]. Monthly weather review, 138(2): 345-377.

CAVALERI L, ALVES J H G M, ARDHUIN F, et al. , 2007. Wave modelling-the state of the art[J]. Progress in oceanography, 75(4): 603-674.

CHARNOCK H, 1955. Wind stress on a water surface[J]. Quarterly Journal of the Royal Meteorological Society, 81(350): 639-640.

CHEN C, BEARDSLEY R C, LUETTICH JR R A, et al. , 2013. Extratropical storm inundation testbed: Intermodel comparisons in Scituate, Massachusetts[J]. Journal of Geophysical Research: Oceans, 118(10): 5054-5073.

CHEN J L, HSU T J, SHI F, et al., 2015. Hydrodynamic and sediment transport modeling of New River Inlet (NC) under the interaction of tides and waves[J]. Journal of Geophysical Research: Oceans, 120(6): 4028-4047.

CHEN Q, KIRBY J T, DALRYMPLE R A, et al., 2000. Boussinesq modeling of wave transformation, breaking, and runup. II: 2D[J]. Journal of Waterway, Port, Coastal, and Ocean Engineering, 126(1): 48-56.

CHEN Q, WANG L, TAWES R, 2008. Hydrodynamic response of northeastern Gulf of Mexico to hurricanes[J]. Estuaries and Coasts, 31(6): 1098-1116.

CHRISTOFFERSEN J B, JONSSON I G, 1985. Bed friction and dissipation in a combined current and wave motion[J]. Ocean Engineering, 12(5): 387-423.

CRAIG P D, BANNER M L, 1994. Modeling wave-enhanced turbulence in the ocean surface layer[J]. Journal of Physical Oceanography, 24(12): 2546-2559.

DALRYMPLE R A, ROGERS B D, 2006. Numerical modeling of water waves with the SPH method[J]. Coastal engineering, 53(2-3): 141-147.

DAVIS R E, DOLAN R, 1993. Nor'easters[J]. American scientist, 81(5): 428-439.

DAVIES A G, SOULSBY R L, KING H L, 1988. A numerical model of the combined wave and current bottom boundary layer[J]. Journal of Geophysical Research: Oceans, 93(C1): 491-508.

DAVIES A M, LAWRENCE J, 1995. Modeling the effect of wave – current interaction on the three-dimensional wind-driven circulation of the Eastern Irish Sea[J]. Journal of Physical Oceanography, 25(1): 29-45.

DAWSON C, WESTERINK J J, FEYEN J C, et al., 2006. Continuous, discontinuous and coupled discontinuous-continuous Galerkin finite element methods for the shallow water equations[J]. International Journal for Numerical Methods in Fluids, 52(1): 63-88.

DEAN R G, DALRYMPLE R A, 1984. Water wave mechanics for engineers and scientists [M]. Englewood Cliffs, New Jersey: Prentice-Hall, Inc.

DIETRICH J C, ZIJLEMA M, WESTERINK J J, et al., 2011. Modeling hurricane waves and storm surge using integrally-coupled, scalable computations[J]. Coastal Engineering, 58(1): 45-65.

DIETRICH J C, TANAKA S, WESTERINK J J, et al., 2012. Performance of the unstructured-mesh, SWAN+ADCIRC model in computing hurricane waves and surge[J]. Journal of Scientific Computing, 52(2): 468-497.

DIETRICH J C, BUNYA S, WESTERINK J J, et al., 2010. A high-resolution coupled riverine flow, tide, wind, wind wave, and storm surge model for southern Louisiana and Mississippi. Part II: Synoptic description and analysis of Hurricanes Katrina and Rita

[J]. Monthly Weather Review, 138(2): 378-404.

DODET G, BERTIN X, BRUNEAU N, et al., 2013. Wave - current interactions in a wave-dominated tidal inlet[J]. Journal of Geophysical Research: Oceans, 118(3): 1587-1605.

DOUGLAS E M, FAIRBANK C A, 2011. Is precipitation in northern New England becoming more extreme? Statistical analysis of extreme rainfall in Massachusetts, New Hampshire, and Maine and updated estimates of the 100-year storm[J]. Journal of Hydrologic Engineering, 16(3): 203-217.

DONELAN M A, DOBSON F W, SMITH S D, et al., 1993. On the dependence of sea surface roughness on wave development[J]. Journal of physical Oceanography, 23(9): 2143-2149.

DRENNAN W M, GRABER H C, HAUSER D, et al., 2003. On the wave age dependence of wind stress over pure wind seas[J]. Journal of Geophysical Research: Oceans, 108 (C3), 8062.

DU Y, PAN S, CHEN Y, 2010. Modelling the effect of wave overtopping on nearshore hydrodynamics and morphodynamics around shore-parallel breakwaters[J]. Coastal Engineering, 57(9): 812-826.

EGBERT G D, BENNETT A F, FOREMAN M G G, 1994. TOPEX/POSEIDON tides estimated using a global inverse model[J]. Journal of Geophysical Research: Oceans, 99 (C12): 24821-24852.

EGBERT G D, EROFEEVA S Y, 2002. Efficient inverse modeling of barotropic ocean tides [J]. Journal of Atmospheric and Oceanic technology, 19(2): 183-204.

ELIAS E P L, CLEVERINGA J, BUIJSMAN M C, et al., 2006. Field and model data analysis of sand transport patterns in Texel Tidal inlet (the Netherlands)[J]. Coastal Engineering, 53(5-6): 505-529.

EMANUEL K A, 2013. Downscaling CMIP5 climate models shows increased tropical cyclone activity over the 21st century[J]. Proceedings of the National Academy of Sciences, 110 (30): 12219-12224.

EUROTOP, 2016. Manual on wave overtopping of sea defences and related structures[M]. An overtopping manual largely based on European research, but for worldwide application. Available online at www.overtopping-manual.com.

FARRELL S C, 1972. Present coastal processes, recorded changes, and the post-Pleistocene geologic record of Saco Bay, Maine[D]. Amherst, Massachusetts: University of Massachusetts.

FITZGERALD D M, BUYNEVICH I V, DAVIS JR R A, et al., 2002. New England tidal inlets with special reference to riverine-associated inlet systems[J]. Geomorphology, 48 (1-3): 179-208.

FREDSØE J, 1984. Turbulent boundary layer in wave-current motion[J]. Journal of Hydraulic Engineering, 110(8): 1103-1120.

FRY B, 1988. Food web structure on Georges Bank from stable C, N, and S isotopic compositions[J]. Limnology and oceanography, 33(5): 1182-1190.

GALLIEN T W, SANDERS B F, FLICK R E, 2014. Urban coastal flood prediction: Integrating wave overtopping, flood defenses and drainage[J]. Coastal Engineering, 91: 18-28.

GALLIEN T W, 2016. Validated coastal flood modeling at Imperial Beach, California: Comparing total water level, empirical and numerical overtopping methodologies[J]. Coastal Engineering, 111: 95-104.

GARRATT J R, 1977. Review of drag coefficients over oceans and continents[J]. Monthly weather review, 105(7): 915-929.

GODA Y, 1975. Irregular wave deformation in the surf zone[J]. Coastal Engineering in Japan, 18(1): 13-26.

GODA Y, 2009. A performance test of nearshore wave height prediction with CLASH datasets[J]. Coastal Engineering, 56(3): 220-229.

GRANT W D, Madsen O S, 1979. Combined wave and current interaction with a rough bottom[J]. Journal of Geophysical Research: Oceans, 84(C4): 1797-1808.

GRANT W D, Williams III A J, Glenn S M, 1984. Bottom stress estimates and their prediction on the northern California continental shelf during CODE-1: the importance of wave-current interaction[J]. Journal of Physical Oceanography, 14(3): 506-527.

GREENBERG D A, 1983. Modelling the mean barotropic circulation in the Bay of Fundy and Gulf of Maine[J]. Journal of Physical Oceanography, 13(5): 886-904.

HAGEN S C, Westerink J J, Kolar R L, et al., 2001. Two-dimensional, unstructured mesh generation for tidal models[J]. International Journal for Numerical Methods in Fluids, 35(6): 669-686.

HASSELMANN K, BARNETT T P, BOUWS E, et al., 1973. Measurements of wind-wave growth and swell decay during the Joint North Sea Wave Project (JONSWAP)[J]. Ergaenzungsheft zur Deutschen Hydrographischen Zeitschrift, Reihe A.

HAUS B K, 2007. Surface current effects on the fetch-limited growth of wave energy[J]. Journal of Geophysical Research: Oceans, 2007, 112(C3): C03003.

HEDGES T S, REIS M T, OWEN M W, 1998. Random wave overtopping of simple sea walls: A new regression model[J]. Proceedings of the Institution of Civil Engineers-Water Maritime and Energy, 130(1): 1-10.

HEIDEMANN H K, 2014. Lidar base specification version 1.2 (November 2014), Chapter 4 of Section B, U.S. Geological Survey Standards, Book 11, Collection and Delineation of

Spatial Data[R]. U. S. Geological Survey.

HENCH J L, LUETTICH R A, 2003. Transient tidal circulation and momentum balances at a shallow inlet[J]. Journal of Physical Oceanography, 33(4): 913-932.

HENDERSON F M, 1996. Open channel flow[M]. New York: Macmillan.

HIGUERA P, LARA J L, LOSADA I J, 2013. Simulating coastal engineering processes with OpenFOAM©[J]. Coastal Engineering, 71: 119-134.

HILL H W, KELLEY J T, BELKNAP D F, et al. , 2004. The effects of storms and storm-generated currents on sand beaches in Southern Maine, USA[J]. Marine Geology, 210 (1-4): 149-168.

HOLTHUIJSEN L H, 2010. Waves in oceanic and coastal waters[M]. Cambridge, New York: Cambridge University Press.

HSU J R C, BENEDET L, KLEIN A H F, et al. , 2008. Appreciation of static bay beach concept for coastal management and protection[J]. Journal of Coastal Research, 24(1): 198-215.

HU K, DING P, WANG Z, et al. , 2009. A 2D/3D hydrodynamic and sediment transport model for the Yangtze Estuary, China[J]. Journal of Marine Systems, 77(1-2): 114-136.

HU K, MINGHAM C G, CAUSON D M, 2000. Numerical simulation of wave overtopping of coastal structures using the non-linear shallow water equations[J]. Coastal engineering, 41(4): 433-465.

IPCC, 2013. Climate change 2013: the physical science basis: Working Group I contribution to the Fifth assessment report of the Intergovernmental Panel on Climate Change[M]. Cambridge, New York: Cambridge University Press.

JANSSEN P A E M, 1989. Wave-induced stress and the drag of air flow over sea waves[J]. Journal of Physical Oceanography, 19(6): 745-754.

JANSSEN P A E M, 1991. Quasi-linear theory of wind-wave generation applied to wave forecasting[J]. Journal of physical oceanography, 21(11): 1631-1642.

JENKINS A D, 1986. A theory for steady and variable wind-and wave-induced currents[J]. Journal of Physical Oceanography, 16(8): 1370-1377.

JENKINS A D, 1987a. Wind and wave induced currents in a rotating sea with depth-varying eddy viscosity[J]. Journal of Physical Oceanography, 17(7): 938-951.

JENKINS A D, 1987b. A Lagrangian model for wind-and wave-induced near-surface currents [J]. Coastal engineering, 11(5-6): 513-526.

JENKINS A D, 1989. The use of a wave prediction model for driving a near-surface current model[J]. Deutsche Hydrografische Zeitschrift, 42(3): 133-149.

JENSEN R E, 1983. Atlantic Coast Hindcast, Shallow-Water, Significant Wave Information

[R]. Vicksburg, Mississippi: Army Engineer Waterways Experiment Station Vicksburg MS Hydraulics Lab.

JOHNSON H K, HØJSTRUP J, VESTED H J, et al., 1998. On the dependence of sea surface roughness on wind waves[J]. Journal of physical oceanography, 28(9): 1702-1716.

KELLEY J T, BARBER D C, BELKNAP D F, et al., 2005. Sand budgets at geological, historical and contemporary time scales for a developed beach system, Saco Bay, Maine, USA[J]. Marine Geology, 214(1-3): 117-142.

KENNEDY A B, CHEN Q, KIRBY J T, et al., 2000. Boussinesq modeling of wave transformation, breaking, and runup. I: 1D[J]. Journal of waterway, port, coastal, and ocean engineering, 126(1): 39-47.

KIRSHEN P, WATSON C, DOUGLAS E, et al., 2008. Coastal flooding in the Northeastern United States due to climate change[J]. Mitigation and Adaptation Strategies for Global Change, 13(5): 437-451.

KOMEN G J, CAVALERI L, DONELAN M, et al., 1996. Dynamics and modelling of ocean waves[M]. Cambridge, New York: Cambridge University Press

LARA J L, GARCIA N, LOSADA I J, 2006. RANS modelling applied to random wave interaction with submerged permeable structures[J]. Coastal Engineering, 53(5-6): 395-417.

LI M Z, WU Y, HAN G, et al., 2017. A modeling study of the impact of major storms on seabed shear stress and sediment transport on the Grand Banks of Newfoundland[J]. Journal of Geophysical Research: Oceans, 122(5): 4183-4216.

LI M Z, HANNAH C G, PERRIE W A, et al., 2015. Modelling seabed shear stress, sediment mobility, and sediment transport in the Bay of Fundy[J]. Canadian Journal of Earth Sciences, 52(9): 757-775.

LIM E, TAYLOR L A, EAKINS B W, et al., 2009. Digital elevation model of Portland, Maine: procedures, data sources and analysis, NOAA Technical Memorandum NESDIS NGDC-30[R]. Boulder, Colorado: National Oceanic Atmospheric Administration.

LIN P, LIU P L F, 1998. A numerical study of breaking waves in the surf zone[J]. Journal of fluid mechanics, 359: 239-264.

LONGUET-HIGGINS M S, 1970. Longshore currents generated by obliquely incident sea waves: 1[J]. Journal of geophysical research, 75(33): 6778-6789.

LONGUET-HIGGINS M S, STEWART R W, 1961. The changes in amplitude of short gravity waves on steady non-uniform currents[J]. Journal of fluid mechanics, 10(4): 529-549.

LONGUET-HIGGINS M S, STEWART R W, 1962. Radiation stress and mass transport in gravity waves, with application to 'surf beats'[J]. Journal of Fluid Mechanics, 13(4):

481-504.

LONGUET-HIGGINS M S, STEWART R W, 1964. Radiation stresses in water waves: a physical discussion, with applications[J]. Deep-Sea Research, 11(4): 529-562.

LOSADA I J, LARA J L, GUANCHE R, et al., 2008. Numerical analysis of wave overtopping of rubble mound breakwaters[J]. Coastal engineering, 55(1): 47-62.

LUETTICH JR R A, WESTERINK J J, SCHEFFNER N W, 1992. ADCIRC: an advanced three-dimensional circulation model for shelves, coasts, and estuaries. Report 1, Theory and methodology of ADCIRC-2DD1 and ADCIRC-3DL, U. S. Army Corps of Engineers Technical Report DRP-92-6[R]. Vicksburg, Mississippi: Army Engineer Waterways Experiment Station Vicksburg MS Hydraulics Lab.

LUETTICH JR R A, HU S, WESTERINK J J, 1994. Development of the direct stress solution technique for three-dimensional hydrodynamic models using finite elements[J]. International Journal for Numerical Methods in Fluids, 19(4): 295-319.

LUETTICH JR R A, WESTERINK J J, 2004. Formulation and numerical implementation of the 2D/3D ADCIRC finite element model version 44. XX[M]. Chapel Hill, North Carolina.

LUETTICH JR R A, WESTERINK J J, 2006. ADCIRC: A (parallel) advanced circulation model for oceanic, coastal and estuarine waters, users manual for version 51[R]. Available at http://adcirc.org/home/documentation/users-manual-v51.

LYNETT P J, MELBY J A, KIM D H, 2010. An application of Boussinesq modeling to hurricane wave overtopping and inundation[J]. Ocean Engineering, 37(1): 135-153.

MARRONE J F, 2008. Evaluation of impacts of the Patriots' Day storm (April 15-18, 2007) on the New England coastline[M]. Solutions to Coastal Disasters 2008: 507-517.

MARSOOLI R, ORTON P M, MELLOR G, et al., 2017. A coupled circulation-wave model for numerical simulation of storm tides and waves[J]. Journal of Atmospheric and Oceanic Technology, 34(7): 1449-1467.

MCCABE M V, STANSBY P K, APSLEY D D, 2013. Random wave runup and overtopping a steep sea wall: Shallow-water and Boussinesq modelling with generalised breaking and wall impact algorithms validated against laboratory and field measurements[J]. Coastal Engineering, 74: 33-49.

MASSACHUSETTS OFFICE OF COASTAL ZONE MANAGEMENT (MACZM), 2013a. Mapping and analysis of privately-owned coastal structures along the Massachusetts shoreline[R]. Available at http://www.mass.gov/eea/docs/czm/stormsmart/seawalls/private-coastal-structures-2013.pdf.

MASSACHUSETTS OFFICE OF COASTAL ZONE MANAGEMENT (MACZM), 2013b. Sea level rise: understanding and applying trends and future scenarios for analysis and planning[R]. Available at http://www.mass.gov/eea/docs/czm/stormsmart/slr-guidance-2013.pdf.

MASSACHUSETTS OFFICE OF COASTAL ZONE MANAGEMENT (MACZM), 2016. Coastal erosion, sediment transport, and prioritization management strategy assessment for shoreline protection, Scituate, Massachusetts[R]. Available at https://www.scituatema.gov/sites/scituatema/files/file/file/scituateprioritization_finalreport_august2016_compress_main.pdf.

MASSACHUSETTS DEPARTMENT OF CONSERVATION AND RECREATION (MADCR), 2009. Massachusetts coastal infrastructure inventory and assessment project[R]. Available at http://www.mass.gov/eea/docs/czm/stormsmart/seawalls/public-inventory-report-2009.pdf.

MELLOR G L, 2005. Some consequences of the three-dimensional current and surface wave equations[J]. Journal of Physical Oceanography, 35(11): 2291-2298.

MELLOR G L, 2008. The depth-dependent current and wave interaction equations: a revision [J]. Journal of Physical Oceanography, 38(11): 2587-2596.

MESINGER F, DIMEGO G, KALNAY E, et al., 2006. North American regional reanalysis [J]. Bulletin of the American Meteorological Society, 87(3): 343-360.

MOON I L J U, HARA T, GINIS I, et al., 2004a. Effect of surface waves on air-sea momentum exchange. Part I: Effect of mature and growing seas[J]. Journal of the atmospheric sciences, 61(19): 2321-2333.

MOON I L J U, GINIS I, HARA T, 2004b. Effect of surface waves on air – sea momentum exchange. Part II: Behavior of drag coefficient under tropical cyclones[J]. Journal of the Atmospheric Sciences, 61(19): 2334-2348.

MUKAI A Y, WESTERINK J J, LUETTICH JR R A, et al., 2002. Eastcoast 2001, a tidal constituent database for western North Atlantic, Gulf of Mexico, and Caribbean Sea, Technical Report ERDC/CHL TR-02-24[R]. Vicksburg, Mississippi: Engineering Research and Development Center Vicksburg MS Coastal and Hydraulics Lab.

MULLIGAN R P, HAY A E, BOWEN A J, 2008. Wave - driven circulation in a coastal bay during the landfall of a hurricane[J]. Journal of Geophysical Research: Oceans, 113 (C5): C05026.

MULLIGAN R P, HAY A E, BOWEN A J, 2010. A wave-driven jet over a rocky shoal[J]. Journal of Geophysical Research: Oceans, 115(C10): C10038.

NATIONAL RESEARCH COUNCIL, 2009. Mapping the zone: Improving flood map accuracy[M]. Washington, DC: National Academies Press.

NICHOLLS R J, 2002. Analysis of global impacts of sea-level rise: a case study of flooding [J]. Physics and Chemistry of the Earth, Parts A/B/C, 27(32-34): 1455-1466.

NICOLLE A, KARPYTCHEV M, BENOIT M, 2009. Amplification of the storm surges in shallow waters of the Pertuis Charentais (Bay of Biscay, France)[J]. Ocean Dynamics, 59(6): 921-935.

NIELSEN P, 1992. Coastal bottom boundary layers and sediment transport[M]. Singapore: World Scientific Publishing Company.

OLABARRIETA M, GEYER W R, KUMAR N, 2014. The role of morphology and wave-current interaction at tidal inlets: An idealized modeling analysis[J]. Journal of Geophysical Research: Oceans, 119(12): 8818-8837.

ORESCANIN M, RAUBENHEIMER B, ELGAR S, 2014. Observations of wave effects on inlet circulation[J]. Continental Shelf Research, 82: 37-42.

ORTON P M, TALKE S A, JAY D A, et al., 2015. Channel shallowing as mitigation of coastal flooding[J]. Journal of Marine Science and Engineering, 3(3): 654-673.

OZER J, PADILLA-HERNÁNDEZ R, MONBALIU J, et al., 2000. A coupling module for tides, surges and waves[J]. Coastal Engineering, 41(1-3): 95-124.

PANCHANG V G, JEONG C, LI D, 2008. Wave climatology in coastal Maine for aquaculture and other applications[J]. Estuaries and Coasts, 31(2): 289-299.

PAWLOWICZ R, BEARDSLEY B, LENTZ S, 2002. Classical tidal harmonic analysis including error estimates in MATLAB using T_TIDE[J]. Computers & Geosciences, 28(8): 929-937.

PENG Z, ZOU Q P, 2011. Spatial distribution of wave overtopping water behind coastal structures[J]. Coastal engineering, 58(6): 489-498.

PERRIE W, TANG C L, HU Y, et al., 2003. The impact of waves on surface currents[J]. Journal of physical oceanography, 33(10): 2126-2140.

PETTIGREW N R, CHURCHILL J H, JANZEN C D, et al., 2005. The kinematic and hydrographic structure of the Gulf of Maine Coastal Current[J]. Deep Sea Research Part II: Topical Studies in Oceanography, 52(19-21): 2369-2391.

POWELL M D, VICKERY P J, REINHOLD T A, 2003. Reduced drag coefficient for high wind speeds in tropical cyclones[J]. Nature, 422(6929): 279-283.

PUGH D T, 1987. Tides, surges and mean sea-level: A handbook for engineers and scientists [M]. New York: John Wiley and Sons.

REEVE D E, SOLIMAN A, LIN P Z, 2008. Numerical study of combined overflow and wave overtopping over a smooth impermeable seawall[J]. Coastal Engineering, 55(2): 155-166.

REGO J L, LI C, 2009. On the importance of the forward speed of hurricanes in storm surge forecasting: A numerical study[J]. Geophysical Research Letters, 36(7).

REGO J L, LI C, 2010. Nonlinear terms in storm surge predictions: Effect of tide and shelf geometry with case study from Hurricane Rita[J]. Journal of Geophysical Research: Oceans, 115(C6): C06020.

RIS R C, HOLTHUIJSEN L H, BOOIJ N, 1999. A third-generation wave model for coastal regions: 2. Verification[J]. Journal of Geophysical Research: Oceans, 104(C4): 7667-7681.

ROBERTS K J, COLLE B A, KORFE N, 2017. Impact of simulated twenty-first-century changes in extratropical cyclones on coastal flooding at the Battery, New York City[J]. Journal of Applied Meteorology and Climatology, 56(2): 415-432.

SAHA S, MOORTHI S, PAN H L, et al., 2010. The NCEP climate forecast system reanalysis[J]. Bulletin of the American Meteorological Society, 91(8): 1015-1058.

SAHA S, MOORTHI S, WU X, et al., 2014. The NCEP climate forecast system version 2 [J]. Journal of climate, 27(6): 2185-2208.

SHENG Y P, LIU T, 2011. Three-dimensional simulation of wave-induced circulation: Comparison of three radiation stress formulations[J]. Journal of Geophysical Research: Oceans, 116(C5): C05021.

SHI F, KIRBY J T, HARRIS J C, et al., 2012. A high-order adaptive time-stepping TVD solver for Boussinesq modeling of breaking waves and coastal inundation[J]. Ocean Modelling, 43: 36-51.

SIGNELL R P, BEARDSLEY R C, GRABER H C, et al., 1990. Effect of wave-current interaction on wind-driven circulation in narrow, shallow embayments[J]. Journal of Geophysical Research: Oceans, 95(C6): 9671-9678.

SILVA R, BAQUERIZO A, LOSADA M Á, et al., 2010. Hydrodynamics of a headland-bay beach-nearshore current circulation[J]. Coastal Engineering, 57(2): 160-175.

SMIT P, ZIJLEMA M, STELLING G, 2013. Depth-induced wave breaking in a non-hydrostatic, near-shore wave model[J]. Coastal Engineering, 76: 1-16.

SOULSBY R L, HAMM L, KLOPMAN G, et al., 1993. Wave-current interaction within and outside the bottom boundary layer[J]. Coastal Engineering, 21(1-3): 41-69.

SOULSBY R L, DAVIES A G, 1995. Bed shear-stresses due to combined waves and currents [J]. Advances in Coastal Morphodynamics, 4: 4-23.

SOULSBY R L, 1997. Dynamics of marine sands: a manual for practical applications[J]. Oceanographic Literature Review, 9(44): 947.

STYLES R, GLENN S M, 2000. Modeling stratified wave and current bottom boundary layers on the continental shelf[J]. Journal of Geophysical Research: Oceans, 105(C10): 24119-24139.

SUCSY P V, PEARCE B R, PANCHANG V G, 1993. Comparison of two-and three-dimensional model simulation of the effect of a tidal barrier on the Gulf of Maine tides[J]. Journal of Physical Oceanography, 23(6): 1231-1248.

SUN Y, CHEN C, BEARDSLEY R C, et al., 2013. Impact of current-wave interaction on storm surge simulation: A case study for Hurricane Bob[J]. Journal of Geophysical Research: Oceans, 118(5): 2685-2701.

SVERDRUP H U, JOHNSON M W, FLEMING R H, 1942. The Oceans: Their physics, chemistry, and general biology[M]. New York: Prentice-Hall.

TANG C L, PERRIE W, JENKINS A D, et al., 2007. Observation and modeling of surface currents on the Grand Banks: A study of the wave effects on surface currents[J]. Journal of Geophysical Research: Oceans, 112(C10): C10025.

TAYLOR P K, YELLAND M J, 2001. The dependence of sea surface roughness on the height and steepness of the waves[J]. Journal of physical oceanography, 31(2): 572-590.

TEIXEIRA J C, ABREU M P, GUEDES SOARES C, 1995. Uncertainty of ocean wave hindcasts due to wind modeling[J]. Journal of Offshore Mechanics and Arctic Engineering, 117(4): 294-297.

THORNTON E B, GUZA R T, 1983. Transformation of wave height distribution[J]. Journal of Geophysical Research: Oceans, 88(C10): 5925-5938.

TILBURG C E, GILL S M, ZEEMAN S I, et al., 2011. Characteristics of a shallow river plume: observations from the Saco River Coastal Observing System[J]. Estuaries and Coasts, 34(4): 785-799.

TWOMEY E R, SIGNELL R P, 2013. Construction of a 3-arcsecond digital elevation model for the Gulf of Maine, Open-File Report 2011-1127[R]. US Geological Survey.

UCHIYAMA Y, MCWILLIAMS J C, RESTREPO J M, 2009. Wave-current interaction in nearshore shear instability analyzed with a vortex force formalism[J]. Journal of Geophysical Research: Oceans, 114(C6): C06021.

UCHIYAMA Y, MCWILLIAMS J C, SHCHEPETKIN A F, 2010. Wave-current interaction in an oceanic circulation model with a vortex-force formalism: Application to the surf zone[J]. Ocean Modelling, 34(1-2): 16-35.

VAN DER WESTHUYSEN A J, 2012. Spectral modeling of wave dissipation on negative current gradients[J]. Coastal Engineering, 68: 17-30.

VAN GENT M R A, VAN DEN BOOGAARD H F P, POZUETA B, et al., 2007. Neural network modelling of wave overtopping at coastal structures[J]. Coastal engineering, 54(8): 586-593.

VERHAEGHE H, DE ROUCK J, VAN DER MEER J, 2008. Combined classifier-quantifier model: a 2-phases neural model for prediction of wave overtopping at coastal structures[J]. Coastal Engineering, 55(5): 357-374.

WANG Z, ZOU Q, REEVE D, 2009. Simulation of spilling breaking waves using a two phase flow CFD model[J]. Computers & Fluids, 38(10): 1995-2005.

WARGULA A, RAUBENHEIMER B, ELGAR S, 2014. Wave-driven along-channel subtidal flows in a well-mixed ocean inlet[J]. Journal of Geophysical Research: Oceans, 119(5): 2987-3001.

WARNER J C, BUTMAN B, DALYANDER P S, 2008a. Storm-driven sediment transport in Massachusetts Bay[J]. Continental Shelf Research, 28(2): 257-282.

WARNER J C, SHERWOOD C R, SIGNELL R P, et al., 2008b. Development of a three-dimensional, regional, coupled wave, current, and sediment-transport model[J]. Computers & geosciences, 34(10): 1284-1306.

WARNER J C, ARMSTRONG B, HE R, et al., 2010. Development of a coupled ocean-atmosphere-wave-sediment transport (COAWST) modeling system[J]. Ocean modelling, 35(3): 230-244.

WEI G, KIRBY J T, GRILLI S T, et al., 1995. A fully nonlinear Boussinesq model for surface waves. Part 1. Highly nonlinear unsteady waves[J]. Journal of fluid mechanics, 294: 71-92.

WESTERINK J J, LUETTICH JR R A, MUCCINO J C, 1994. Modelling tides in the western North Atlantic using unstructured graded grids[J]. Tellus A, 46(2): 178-199.

WESTERINK J J, LUETTICH JR R A, BLAIN C A, et al., 1994. ADCIRC: an advanced three-dimensional circulation model for shelves, coasts and estuaries. Report 2: users' manual for ADCIRC-2DDI, Technical Report DRP-92-6[R]. U. S. Army Corps of Engineers.

WESTERINK J J, LUETTICH JR R A, FEYEN J C, et al., 2008. A basin-to channel-scale unstructured grid hurricane storm surge model applied to southern Louisiana[J]. Monthly weather review, 136(3): 833-864.

WOLF J, 2009. Coastal flooding: impacts of coupled wave-surge-tide models[J]. Natural Hazards, 49(2): 241-260.

XIA H, XIA Z, ZHU L, 2004. Vertical variation in radiation stress and wave-induced current [J]. Coastal Engineering, 51(4): 309-321.

XIE L, WU K, PIETRAFESA L, et al., 2001. A numerical study of wave - current interaction through surface and bottom stresses: Wind - driven circulation in the South Atlantic Bight under uniform winds[J]. Journal of Geophysical Research: Oceans, 106 (C8): 16841-16855.

XIE D, ZOU Q, CANNON J W, 2016. Application of SWAN+ ADCIRC to tide-surge and wave simulation in Gulf of Maine during Patriot's Day storm[J]. Water Science and Engineering, 9(1): 33-41.

XIE D, ZOU Q P, MIGNONE A, et al. , 2019. Coastal flooding from wave overtopping and sea level rise adaptation in the northeastern USA[J]. Coastal Engineering, 150: 39-58.

XIE L, WU K, PIETRAFESA L, et al. , 2001. A numerical study of wave-current interaction through surface and bottom stresses: Wind-driven circulation in the South Atlantic Bight under uniform winds[J]. Journal of Geophysical Research: Oceans, 106(C8): 16841-16855.

XUE H, CHAI F, PETTIGREW N R, 2000. A model study of the seasonal circulation in the Gulf of Maine[J]. Journal of Physical Oceanography, 30(5): 1111-1135.

YANG Z, MYERS E P, 2008. Barotropic tidal energetics and tidal datums in the Gulf of Maine and Georges Bank region[M]//Estuarine and Coastal Modeling (2007): 74-94.

YOUNG I R, 1988. Parametric hurricane wave prediction model[J]. Journal of Waterway, Port, Coastal, and Ocean Engineering, 114(5): 637-652.

YOUNG I R, 2006. Directional spectra of hurricane wind waves[J]. Journal of Geophysical Research: Oceans, 111(C8): C08020.

ZIJLEMA M, 2010. Computation of wind-wave spectra in coastal waters with SWAN on unstructured grids[J]. Coastal Engineering, 57(3): 267-277.

ZIJLEMA M, STELLING G S, 2005. Further experiences with computing non-hydrostatic free-surface flows involving water waves[J]. International Journal for Numerical Methods in Fluids, 48(2): 169-197.

ZIJLEMA M, STELLING G S, 2008. Efficient computation of surf zone waves using the nonlinear shallow water equations with non-hydrostatic pressure[J]. Coastal Engineering, 55(10): 780-790.

ZIJLEMA M, STELLING G S, SMIT P, 2011. SWASH: An operational public domain code for simulating wave fields and rapidly varied flows in coastal waters[J]. Coastal Engineering, 58(10): 992-1012.

ZIJLEMA M, VAN VLEDDER G P, HOLTHUIJSEN L H, 2012. Bottom friction and wind drag for wave models[J]. Coastal Engineering, 65: 19-26.

ZOU Q, 2004. A simple model for random wave bottom friction and dissipation[J]. Journal of Physical Oceanography, 34(6): 1459-1467.

ZOU Q, BOWEN A J, HAY A E, 2006. Vertical distribution of wave shear stress in variable water depth: Theory and field observations[J]. Journal of geophysical research: Oceans, 111(C9): C09032.

ZOU Q P, CHEN Y, CLUCKIE I, et al. , 2013. Ensemble prediction of coastal flood risk arising from overtopping by linking meteorological, ocean, coastal and surf zone models [J]. Quarterly Journal of the Royal Meteorological Society, 139(671): 298-313.

ZOU Q, XIE D, 2016. Tide-surge and wave interaction in the Gulf of Maine during an extratropical storm[J]. Ocean Dynamics, 66(12): 1715-1732.

ZOU Q, PENG Z, 2011. Evolution of wave shape over a low-crested structure[J]. Coastal Engineering, 58(6): 478-488.